中国矿业大学教材建设工程资助教材

土木工程材料试验

吴元周　吕恒林　周淑春　编

中国矿业大学出版社

·徐州·

内 容 提 要

《土木工程材料试验》是根据土木类专业的培养要求,参照相关的试验要求和最新规范、规程,结合试验表格,对试验数据进行分析和处理,以培养学生创新实践能力为目的而编写的一部教材。本教材不仅有利于学生学习知识,还注重培养学生的创新精神,提高其分析、解决问题的能力,增强其专业学习的综合素质。

全书内容共 12 章,包括水泥试验、混凝土用骨料试验、掺合料性能试验、混凝土拌合物试验、混凝土力学性能试验、混凝土耐久性能试验、墙体材料试验、砂浆试验、钢材试验、沥青试验、沥青混合料试验、土的基本物理力学性能试验等,附表为试验记录表。本书可作为高校土木工程、建筑环境与设备工程、工程管理等专业试验教学教材,并可供从事土木工程设计、施工、监理、科研等相关人员参考使用。

图书在版编目(C I P)数据

土木工程材料试验 / 吴元周,吕恒林,周淑春编
. —徐州:中国矿业大学出版社,2020.10
ISBN 978 - 7 - 5646 - 4200 - 6

Ⅰ. ①土… Ⅱ. ①吴… ②吕… ③周… Ⅲ. ①土木工
程—建筑材料—实验—高等学校—教材 Ⅳ. ①TU5-33

中国版本图书馆 CIP 数据核字(2020)第204404号

书　　名	土木工程材料试验
编　　者	吴元周　吕恒林　周淑春
责任编辑	杨　洋
出版发行	中国矿业大学出版社有限责任公司
	(江苏省徐州市解放南路　邮编 221008)
营销热线	(0516)83884103　83885105
出版服务	(0516)83995789　83884920
网　　址	http://www.cumtp.com　E-mail:cumtpvip@cumtp.com
印　　刷	江苏凤凰数码印务有限公司
开　　本	787 mm×1092 mm　1/16　**印张** 11　**字数** 275 千字
版次印次	2020 年 10 月第 1 版　2020 年 10 月第 1 次印刷
定　　价	25.00 元

(图书出现印装质量问题,本社负责调换)

前　　言

　　土木工程材料试验是高校土木类专业学生的重要实践环节,是学生了解和掌握土木工程材料科学知识和提高应用能力的基本方法。土木工程材料试验的相关规范规程不断更新和完善,因此为了更好地适应新的规范和标准,满足试验课单独设置学分的教学体系改革和拓宽专业口径的教学要求,特编写本书,与《土木工程材料》配套教学。

　　全书共包括12章内容,按照土木工程材料的种类编排章节。本教材具有以下特点:

　　(1) 根据高等学校土木工程专业委员会制定的"土木工程材料"教学大纲,按照国家和行业最新标准、规范编写而成。

　　(2) 从大土木角度出发,兼顾土木工程、道路桥梁工程、地下建筑工程等专业的要求编写,具有较宽的专业适用范围。

　　(3) 为配合开设设计性和综合性试验需要,加入国内外学者最新的试验手段和结果分析方法,包括增加石灰石粉、粉煤灰、机制砂、复掺混凝土等新型土木工程材料试验,增加了混凝土长期性能和耐久性方面试验内容等,进一步拓宽学生的知识面。

　　本书由中国矿业大学吴元周、吕恒林和周淑春编写,由吕恒林统稿。具体编写分工如下:第1章和第2章由吕恒林编写,第3章、第4章和第5章由周淑春编写,其余章节由吴元周编写。

　　在编写本书的过程中得到了中国矿业大学和中国矿业大学出版社的大力支持,表示感谢。另外,参考了相关文献,对相关文献的作者在此一并表示感谢。

　　由于材料科学发展迅速,不同行业的技术标准不统一,限于编者水平,书中疏漏和不妥之处在所难免,敬请广大读者不吝指教。

编　者

2020 年 7 月

目　　录

第1章 水泥试验

1.1 概述

本章试验内容:水泥细度、标准稠度用水量、凝结时间、安定性、胶砂强度、胶砂流动度。

主要试验依据:《水泥取样方法》(GB 12573—2008)、《通用硅酸盐水泥》(GB 175—2007)、《水泥细度检验方法 筛析法》(GB/T 1345—2005)、《水泥密度测定方法》(GB/T 208—2014)、《水泥比表面积测定方法 勃氏法》(GB/T 8074—2008)、《水泥标准稠度用水量、凝结时间、安定性检验方法》(GB/T 1346—2011)、《水泥胶砂流动度测定方法》(GB/T 2419—2005)、《水泥胶砂强度检验方法(ISO法)》(GB/T 17671—2021)、《试验筛 技术要求和检验 第1部分:金属丝编织网试验筛》(GB/T 6003.1—2012)。

要求:掌握水泥细度的几种测定方法,掌握负压筛、水筛等试验设备的使用方法。掌握水泥标准稠度用水量的测定方法,并能较准确地测定。了解水泥凝结时间的概念及国家标准对凝结时间的规定,并能较准确地测定水泥的凝结时间。了解造成水泥安定性不良的主要因素及检测方法。掌握水泥胶砂强度试样的制作方法。了解标准养护的概念,水泥石强度发展的规律及影响水泥石强度的因素等。掌握水泥抗折强度测定仪、压力机等设备的操作和使用方法。

1.2 水泥细度试验

1.2.1 试验目的

检验水泥颗粒的粗细程度。由于水泥的许多性质(凝结时间、收缩性、强度等)都与细度有关,因此必须对其检验以作为评定水泥质量的依据之一。

1.2.2 主要仪器设备

试验筛:试验筛由圆形筛框和筛网组成(筛网孔边长为 80 mm),其结构尺寸如图 1-1 和图 1-2 所示;负压筛析仪(图 1-3);水筛架和喷头;水筛架上筛座内径为 140 mm。喷头直径为 55 mm,面上均匀分布 90 个孔,孔径为 0.5～0.7 mm(水筛架和喷头见图 1-4);天平(最大称量为 200 g,感量为 0.05 g);搪瓷盘、毛刷等。

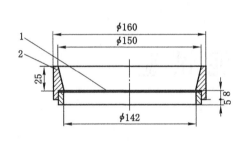

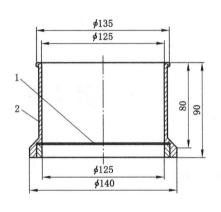

1—筛网;2—筛框。

图 1-1　手工筛(单位:mm)

1—筛网;2—筛框。

图 1-2　水筛(单位:mm)

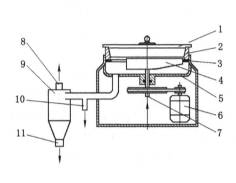

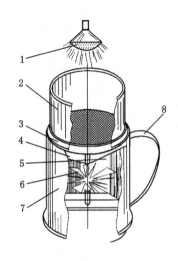

1—有机玻璃盖;2—0.080 mm 方孔筛;

3—橡胶垫圈;4—喷气嘴;5—壳体;6—微电机;

7—压缩空气进口;8—抽气口(接负压泵);9—旋风收尘器;

10—风门(调节负压);11—细水泥出口。

图 1-3　负压筛析仪示意图

1—喷头;2—标准筛;3—旋转托架;4—集水斗;

5—出水口;6—叶轮;7—外筒;8—把手。

图 1-4　水筛法装置示意图

1.2.3　试样准备

将采用标准取样方法取出的水泥试样约 200 g 通过 0.9 mm 方孔筛,盛在搪瓷盘中待用。

1.2.4　试验方法与步骤

1.2.4.1　干筛法

在没有负压筛析仪和水筛的情况下,允许采用手工干筛法测定。

(1) 主要仪器设备

① 手工筛——方孔,孔径为 80 μm 或 45 μm,如图 1-1 所示;

② 天平——精确至 0.01 g；

③ 烘箱——温度控制在(105±5) ℃；

④ 铝罐、料勺等。

(2) 试验方法及步骤

称取烘干试样 50 g 倒入筛内,一手执筛往复摇动,另一手轻轻拍打,拍打速度约为 120 次/min,期间每 40 次向同一方向转动 60°,使试样均匀分布在筛网上,直至每分钟通过量不超过 0.05 g 为止,称取筛余物质量 R_s,精确至 0.01 g。

1.2.4.2 水筛法

(1) 主要仪器设备

① 水筛——方孔,孔径为 80 μm 或 45 μm,如图 1-2 所示；

② 天平——精确至 0.01 g；

③ 烘箱——温度控制在(105±5) ℃；

④ 筛座、喷头等。

(2) 试验步骤

筛析试验前检查水中应无泥沙,调整水压及水压架的位置,使其能正常旋转喷头,底面和筛网之间距离为 35～75 mm。

称取试样 50 g 置于洁净的水筛中,立即用洁净淡水冲洗至大部分细粉通过后,再将筛子置于水筛架上,用水压为(0.05±0.02) MPa 的喷头连续冲洗 3 min。筛毕用少量水把筛余物冲至蒸发皿中,等水泥颗粒全部沉淀后小心倒出清水,烘干并用天平称量筛余物,称准至 0.1 g。

1.2.4.3 负压筛析法

筛析试验前,应将负压筛放在筛座上,盖上筛盖,接通电源,检查控制系统,调节负压至 4 000～6 000 Pa。

称取试样 25 g 置于洁净的负压筛中,盖上筛盖,放在筛座上,启动筛析仪连续筛析 2 min；在此期间如有试样附着在筛盖上,可轻轻敲击使试样落下。筛毕用天平称量筛余物。

当工作负压小于 4 000 Pa 时,应清理吸尘器内水泥,使负压恢复正常。

1.2.5 计算结果及数据处理

(1) 水泥试样筛余百分数按式(1-1)计算。

$$F = \frac{R_s}{m_c} \times 100\% \tag{1-1}$$

式中 F——水泥试样的筛余百分数；

R_s——水泥筛余的质量,g；

m_c——水泥试样的质量,g。

负压筛法、水筛法或干筛法均以一次检验测定值作为鉴定结果。在采用水筛法和干筛法时,如果两次结果存在争议时,以水筛法为准。

按试验方法将检测数据和试验计算结果(精确至 0.1%)填入试验报告。

(2) 筛余结果的修正。

试验筛的筛网会在试验中磨损,因此应对筛析的结果进行修正。最终结果为计算结果乘以修正系数,修正系数按式(1-2)计算。

$$C = F_s / F_t \qquad (1\text{-}2)$$

式中　C——试验筛修正系数(在 0.80～1.20 范围内),精确至 0.01;

　　　F_s——标准样品的筛余标准值,精确至 0.1%;

　　　F_t——标准样品在试验筛上的筛余值,精确至 0.1%。

(3) 筛析结果取两个平行试样筛余的算术平均值。两次结果之差超过 0.5% 时(筛余大于 5.0% 时可为 1.0%),再做试验,取两次相近结果的算术平均值。

(4) 负压筛法与水筛法或手工筛法测定的结果产生争议时,以负压筛法为准。

(5) 水泥细度筛余要求见表 1-1。

表 1-1　水泥细度筛余要求

	矿渣硅酸盐水泥	火山灰质硅酸盐水泥	粉煤灰硅酸盐水泥	复合硅酸盐水泥
孔径 80 μm	≤10%	≤10%	≤10%	≤10%
孔径 45 μm	≤30%	≤30%	≤30%	≤30%

1.2.6　勃氏法

(1) 试验依据

试验参照《水泥比表面积测定方法　勃氏法》(GB/T 8074—2008)和《水泥密度测定方法》(GB/T 208—2014)。

(2) 主要仪器设备

① 勃氏比表面积透气仪,如图 1-5 所示;

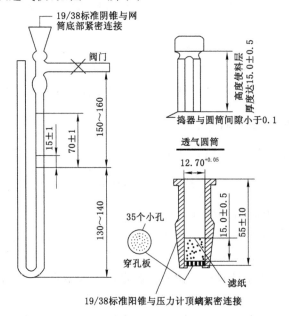

图 1-5　勃氏比表面积透气仪示意图(单位:mm)

② 天平——精确至 0.001 g;

③ 烘箱——温度控制在(110±5) ℃;

④ 秒表、铝罐、料勺等。

（3）试验前准备

水泥试样过 0.9 mm 方孔筛,在(110±5) ℃烘箱中烘干 1 h 后置于干燥器中冷却至室温待用。

（4）试验步骤

① 按照密度试验方法测试水泥的密度。

② 检查仪器是否漏气。

③ P·I、P·II 型水泥的空隙率采用 0.500±0.005,其他水泥或粉料的空隙率采用 0.530±0.005。

④ 按式(1-3)计算所需要的试样质量。

$$m = \rho V(1 - \varepsilon) \tag{1-3}$$

式中 m——需要的试样质量,g;

   ρ——试样密度,g/cm³;

   V——试料层的体积,按标定方法测定,cm³;

   ε——试料层的空隙率。

⑤ 将穿孔板放入透气筒,用捣棒将一片滤纸送到穿孔板上,边缘放平并压紧。称取试样质量 m,精确至 0.001 g,倒入圆筒。轻敲筒边使水泥层表面平坦。再放入一片滤纸,用捣器均匀捣实试料,至捣器的支持环紧紧接触筒顶边并旋转 1~2 圈,取出捣器。

⑥ 把装有试料层的透气圆筒连接到压力计上,保证连接紧密不漏气,并不得振动试料层。

⑦ 打开微型电磁泵,从压力计中抽气,至压力计内液面上升至扩大部下端,关闭阀门。当压力计内液体的凹月面下降到第一条刻度线时开始计时,液体的凹月面下降到第二条刻度线时停止计时,记录所需时间 t,精确至 0.5 s,并记录温度。

（5）试验结果计算及评定

① 当被测试样密度、试料层中空隙率与标准试样相同时:

a. 试验和校准的温差小于等于 3 ℃时,按式(1-4)计算被测试样的比表面积 S,精确至 1 cm²/g。

$$S = \frac{S_s\sqrt{T}}{\sqrt{T_s}} \tag{1-4}$$

式中 S_s——标准试样的比表面积,cm²/g;

   T_s——标准试样压力计中液面降落时间,s;

   T——被测试样压力计中液面降落时间,s。

b. 试验和校准的温差大于 3 ℃时,按式(1-5)计算被测试样的比表面积 S,精确至 1 cm²/g。

$$S = \frac{S_s\sqrt{\eta_s}}{\sqrt{\eta}}\frac{\sqrt{T}}{\sqrt{T_s}} \tag{1-5}$$

式中 η_s——标准试样试验温度时的空气黏度,μPa·s;

   η——被测试样试验温度时的空气黏度,μPa·s。

② 当被测试样和标准试样的密度相同,试料层中空隙率不同时:

a. 试验和校准的温差小于等于 3 ℃时,按式(1-6)计算被测试样的比表面积 S,精确至

$1\ \mathrm{cm^2/g}$。

$$S = \frac{S_\mathrm{s}\sqrt{T}(1-\varepsilon_\mathrm{s})\sqrt{\varepsilon^3}}{\sqrt{T_\mathrm{s}}(1-\varepsilon)\sqrt{\varepsilon_\mathrm{s}^3}} \tag{1-6}$$

式中 ε_s——标准试样试料层的空隙率；

ε——被测试样试料层的空隙率。

b. 试验和校准的温差大于 3 ℃时，按式(1-7)计算被测试样的比表面积 S，精确至 $1\ \mathrm{cm^2/g}$。

$$S = \frac{S_\mathrm{s}\sqrt{\eta_\mathrm{s}}}{\sqrt{\eta}}\ \frac{\sqrt{T}(1-\varepsilon_\mathrm{s})\sqrt{\varepsilon^3}}{\sqrt{T_\mathrm{s}}(1-\varepsilon)\sqrt{\varepsilon_\mathrm{s}^3}} \tag{1-7}$$

③ 当被测试样和标准试样的密度和试料层中空隙率都不同时：

a. 试验和校准的温差小于等于 3 ℃时，按式(1-8)计算被测试样的比表面积 S，精确至 $1\ \mathrm{cm^2/g}$。

$$S = \frac{S_\mathrm{s}\rho_\mathrm{s}\sqrt{T}(1-\varepsilon_\mathrm{s})\sqrt{\varepsilon^3}}{\rho\sqrt{T_\mathrm{s}}(1-\varepsilon)\sqrt{\varepsilon_\mathrm{s}^3}} \tag{1-8}$$

式中 ρ_s——标准试样的密度；

ρ——被测试样的密度。

b. 试验和校准的温差大于 3 ℃时，按式(1-9)计算被测试样的比表面积 S，精确至 $1\ \mathrm{cm^2/g}$。

$$S = \frac{S_\mathrm{s}\rho_\mathrm{s}\sqrt{\eta_\mathrm{s}}}{\rho\sqrt{\eta}}\ \frac{\sqrt{T}(1-\varepsilon_\mathrm{s})\sqrt{\varepsilon^3}}{\sqrt{T_\mathrm{s}}(1-\varepsilon)\sqrt{\varepsilon_\mathrm{s}^2}} \tag{1-9}$$

④ 水泥比表面积取两个平行试样试验结果的算术平均值，精确至 $10\ \mathrm{cm^2/g}$。如果两次试验结果相差 2% 以上时，应重新做试验。

⑤ 水泥比表面积要求见表 1-2。

表 1-2　水泥比表面积要求　　　　　　　　　　　　单位：$\mathrm{m^2/kg}$

项目	硅酸盐水泥	普通硅酸盐水泥
比表面积	≥300	300

1.3　水泥标准稠度用水量测试

1.3.1　试验目的

水泥的凝结时间和安定性都与用水量有关。为了消除试验条件的差异以有利于比较，水泥净浆必须有一个标准的稠度。本试验目的是测定水泥净浆达到标准稠度时的用水量，以便为凝结时间和安定性试验做好准备。

1.3.2　主要仪器设备

主要仪器设备包括：测定水泥标准稠度和凝结时间的维卡仪，圆模，水泥净浆搅拌机，搪瓷盘,小插刀,量水器(最小可读刻度为 0.1 mL,精度为 1‰),天平,玻璃板(150 mm×150 mm×5 mm)等。

(1) 维卡仪如图 1-6 所示,标准稠度测定用试杆[有效长度为(50±1) mm],由直径为(10±0.05) mm 的圆柱形耐腐蚀金属制成。测定凝结时间时取下试杆,用试针[图 1-6(d)、图 1-6(e)]代替试杆。试针由钢制成,初凝针有效长度为(50±1) mm,终凝针有效长度为(30±1) mm,直径为(1.13±0.05) mm。滑动部分的总质量为(300±1) g。与试杆、试针连接的滑动杆表面应光滑,能靠重力自由下落,不得有紧涩和摇动现象。

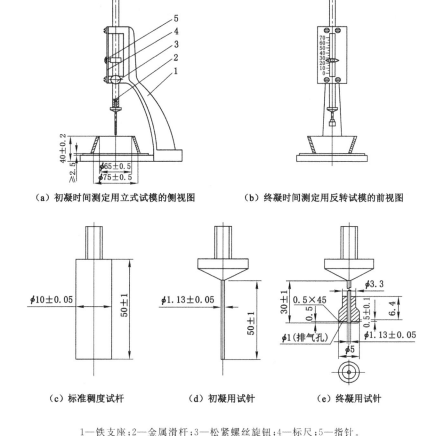

　(a) 初凝时间测定用立式试模的侧视图　　　(b) 终凝时间测定用反转试模的前视图

　(c) 标准稠度试杆　　　(d) 初凝用试针　　　(e) 终凝用试针

1—铁支座;2—金属滑杆;3—松紧螺丝旋钮;4—标尺;5—指针。

图 1-6　维卡仪(单位:mm)

(2) 盛装水泥净浆的试模(图 1-7)应由耐腐蚀的、有足够硬度的金属制成。试模为深(40±0.2) mm,顶内径为(65±0.5) mm、底内径为(75±0.5) mm 的截顶圆锥体。每只试模应配备一个面积大于试模的厚度≥2.5 mm 的平板玻璃底板。

(3) 水泥净浆搅拌机为 NJ-160B 型,如图 1-8 所示,符合《水泥净浆搅拌机》(JC/T 729—2005)的要求。NJ-160B 型水泥净浆搅拌机主要由底座、立柱、减速箱、滑板、搅拌叶片、搅拌锅、双速电动机组成。

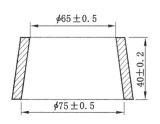

图 1-7　圆模(单位:mm)

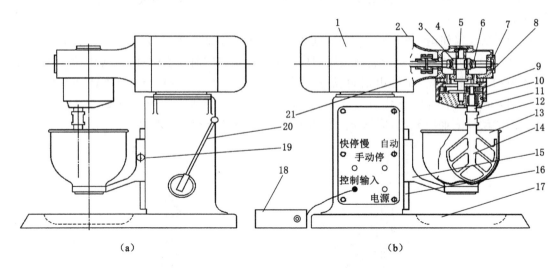

1—双速电动机;2—连接法兰;3—蜗轮;4—轴承盖;5—蜗杆轴;6—蜗轮轴;7—轴承盖;8—行星齿轮;
9—内齿圈;10—行星定位套;11—叶片轴;12—调节螺母;13—搅拌锅;14—搅拌叶片;15—滑板;16—立柱;
17—底座;18—时间控制器;19—定位螺钉;20—升降手柄;21—减速器。

图 1-8　水泥净浆搅拌机示意图

其主要技术参数:

① 搅拌叶宽度:111 mm。

② 搅拌叶转速:a. 低速挡:(140±5) r/min(自转),(62±5) r/min(公转)。b. 高速挡:(285±10) r/min(自转),(125±10) r/min(公转)。

③ 净重:45 kg。

其工作原理是双速电动机轴由连接法兰与减速箱内蜗杆轴连接,经蜗轮轴副减速使蜗轮轴带动行星定位套同步旋转。固定在行星定位套上偏心位置的叶片轴带动叶片公转,固定在叶片轴上端的行星齿轮围绕固定的内齿圈完成自转运动,由双速电动机经时间继电器控制自动完成一次慢转→停→快转的规定工作程序。

本机器安装不需特别的基础和地脚螺钉,只需将设备放置在平整的水泥平台上,并垫一层厚 5~8 mm 的橡胶板。

将电源线插入,红灯亮表示电源接通,将钮子开关拨到程控位置,即自动完成一次慢转 120 s→停 15 s→快转 120 s 的程序,若置钮子开关于手动位置,则手动三位开关分别完成上述动作,左右扳动升降手柄即可使滑板带动搅拌锅沿立柱的燕尾导轨上下移动,向上移动用于搅拌,向下移动用于取下搅拌锅。搅拌锅与滑板用偏心槽旋转锁紧。

机器出厂前已将搅拌叶片与搅拌锅之间的工作间隙调整到(2±1) mm。时间继电器也已调整到工作程序要求。

1.3.3　试样的准备

称取 500 g 水泥,洁净自来水(有争议时应以蒸馏水为准)。

1.3.4 试验方法及步骤

1.3.4.1 标准法

（1）试验前准备

试验前需检查稠度仪的金属棒能否自由滑动，调整指针至试杆接触玻璃板时，指针应对准标尺的零点，搅拌机运转正常。

（2）试验方法及步骤

① 用湿布擦抹水泥净浆搅拌机的筒壁和叶片。

② 称取 500 g（m_c）水泥试样。

③ 量取拌和水 m_w（根据经验确定），水量精确至 0.1 mL 或 0.1 g，然后倒入搅拌锅。

④ 5～10 s 内将水泥加到水中。

⑤ 将搅拌锅放到搅拌机锅座上，升至搅拌位置，启动机器慢速搅拌 120 s，停拌 15 s，再快速搅拌 120 s 后停机。

⑥ 拌和完成后将净浆装入玻璃板上的试模，用小刀插捣并轻轻振动数次，刮去多余净浆，抹平后迅速将其放到稠度仪上，将试杆恰好降至净浆表面，拧紧螺丝 1～2 s 后突然放松，让试杆自由沉入净浆，试杆停止下沉或释放试杆 30 s 时，记录试杆距玻璃板的距离，整个操作过程应在搅拌后 1.5 min 内完成。

⑦ 调整用水量，至试杆沉入净浆距玻璃板（6±1）mm，此时的水泥净浆为标准稠度净浆，拌和用水量为水泥的标准稠度用水量（按水泥质量的百分比计）。

（3）试验结果的计算与确定

按式（1-10）计算水泥标准稠度用水量 P，精确至 0.1%。

$$P = \frac{m_w}{m_c} \times 100\% \tag{1-10}$$

式中 m_w——水用量；

m_c——水泥用量。

1.3.4.2 代用法

采用代用法测定水泥标准稠度用水量可用调整用水量法和固定用水量法。

（1）试验前准备

试验前必须检查测定仪的金属棒能否自由滑动，试锥降至锥模顶面位置时指针应对准标尺的零点，搅拌机运转正常。

（2）试验方法及步骤

① 水泥净浆的拌制同标准法。

② 拌和用水量 m_w 的确定：

a. 调整用水量法：按经验根据试锥沉入深度确定；

b. 固定用水量法：用水量为 142.5 mL 或 142.5 克，水量精确至 0.1 mL 或 0.1 g。

③ 拌和完成后将净浆一次装入锥模，用小刀插捣并轻轻振动数次，刮去多余净浆，抹平后迅速将其放到试锥下固定位置，将试锥锥尖恰好降至净浆表面，拧紧螺丝 1～2 s 后突然放松，让试锥自由沉入净浆，试锥停止下沉或释放试锥 30 s 时，记录试锥下沉深度 S，整个操

作过程应在搅拌后 1.5 min 内完成。

（3）试验结果的计算与确定

① 调整用水量法：调整用水量使试锥下沉深度为（28±2）mm 时的水泥净浆为标准稠度净浆，拌和用水量即水泥的标准稠度用水量（按水泥质量的百分比计）。

按式（1-10）计算水泥标准稠度用水量 P（精确至 0.1%）。

② 固定用水量法：根据测得的试锥下沉深度 S，按式（1-11）所示经验公式计算水泥标准稠度用水量 P（精确至 0.1%）。

$$P = 33.4 - 0.185S \qquad (1\text{-}11)$$

注：若试锥下沉深度小于 13 mm，应采用调整用水量法测定。

1.4 水泥凝结时间试验

1.4.1 试验目的

水泥凝结时间是指水泥从开始加水到水泥浆失去塑性所需时间。水泥凝结时间可分为初凝时间和终凝时间，初凝时间是指从水泥加水到水泥浆开始失去塑性的时间，终凝时间是指从水泥加水到水泥浆完全失去塑性的时间。

水泥的凝结时间对混凝土和砂浆的施工具有重要的意义。初凝时间不宜过短，以便施工时有足够的时间来完成混凝土和砂浆拌合物的运输、浇捣或砌筑等操作；终凝时间不宜过长，使混凝土和砂浆在浇捣或砌筑完成后能尽快凝结硬化，以利于下一道工序的及早进行。

水泥凝结时间的测定以标准稠度水泥净浆在规定温度和湿度下进行。通过凝结时间试验，可以评定水泥的凝结硬化性能，判断是否达到标准要求。

1.4.2 试验依据

试验依据：《水泥标准稠度用水量、凝结时间、安定性检验方法》（GB/T 1346—2011）。

1.4.3 主要仪器设备

（1）凝结时间测定仪，即标准稠度仪主体部分，如图 1-6 所示；

（2）试锥和锥模，如图 1-9 所示；

（3）试针和试模，如图 1-10 所示；

（4）天平、净浆搅拌机等。

1.4.4 试样的制备

以标准稠度用水量制成标准稠度净浆，将自水泥全部加到水中的时刻（t_1）记录在试验报告册表中。将标准稠度净浆一次装满试模，振动数次刮平，立即放入湿气养护箱。水泥全部加到水中时为凝结起始时间。

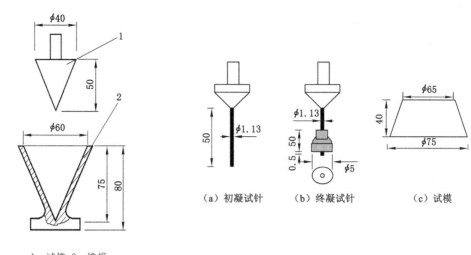

1—试锥;2—锥模。

图 1-9　试锥和锥模(单位:mm)　　　　图 1-10　试针与试模(单位:mm)

1.4.5　试验方法与步骤

(1) 在圆模内侧涂上一层机油,放在玻璃板上,调整凝结时间测定仪的试针,当试针接触玻璃板时,指针应对准标尺零点。

(2) 初凝时间的测定:试样在湿气养护箱中养护至加水后 30 min 时进行第一次测定。测定时,从湿气养护箱中取出试模放到试针下,降低试针使之与水泥净浆表面接触。拧紧定位螺钉 1~2 s 后突然放松(最初测定时应轻轻扶持金属棒,使之徐徐下降,以防试针撞弯,但结果以自由下落为准),试针垂直自由地沉入水泥净浆。观察试针停止下沉或释放试针 30 s 时指针的读数,临近初凝时每隔 5 min 测定一次。当试针沉至距底板(4±1) mm 时,水泥达到初凝状态,到达初凝时应立即重复测一次,两次结论相同时才能定为到达初凝状态。将此时刻(t_2)记录在试验报告册表中。

(3) 终凝时间的测定:为了准确观测试针沉入的状况,在终凝针上安装了一个环形附件。在完成初凝时间测定后,立即将试模连同浆体以平移的方式从玻璃板上取下,翻转180°,直径大端向上、小端向下放在玻璃板上,再放入湿气养护箱继续养护,临近终凝时间时每隔 15 min 测定一次,当试针沉入实体 0.5 mm 时,即环形附件开始不能在试样上留下痕迹时,水泥达到终凝状态,到达终凝时应立即重复测一次,两次结论相同时才能定为到达终凝状态。将此时刻(t_3)记录在试验报告册表中。

(4) 注意事项:每次测定不能使试针落入原针孔,每次测定完毕必须将试针擦拭干净并将试模放回湿气养护箱内,在整个测试过程中试针贯入的位置至少要距圆模内壁 10 mm,且整个测试过程要防止试模受振。

1.4.6　结果计算与数据处理

(1) 初凝时间:自水泥全部加入水中时起,至初凝试针沉入净浆中距离底板(4±1) mm时所需的时间。

（2）终凝时间：自水泥全部加入水中时起，至终凝试针沉入净浆中 0.5 mm 且不留环形痕迹时所需的时间。

（3）水泥凝结时间要求见表 1-3。若凝结时间不合格，则该水泥为不合格品。

表 1-3　水泥凝结时间要求　　　　　　　　　　　　　　　　　　单位：min

项目	硅酸盐水泥	普通硅酸盐水泥	矿渣硅酸盐水泥	火山灰质硅酸盐水泥	粉煤灰硅酸盐水泥	复合硅酸盐水泥
初凝时间	≥45	≥45	≥45	≥45	≥45	≥45
终凝时间	≤390	≤600	≤600	≤600	≤600	≤600

1.5　水泥安定性检验

1.5.1　试验目的

当用含有游离 CaO、MgO 或 SO_3 较多的水泥拌制混凝土时，会使混凝土出现龟裂、翘曲甚至崩溃，造成建筑物漏水、加速腐蚀等危害。所以必须检验水泥加水拌和后在硬化过程中体积变化是否均匀，是否因体积变化而引起膨胀、裂缝或翘曲。

水泥安定性用雷氏夹法（标准法）或试饼法（代用法）检验，有争议时以雷氏夹法为准。雷氏夹法用以观测由两个试针的相对位移所指示的水泥标准稠度净浆体积膨胀的程度，即水泥净浆在雷氏夹中沸煮后的膨胀值。试饼法是通过观察水泥净浆试饼沸煮后的外形变化来检验水泥的体积安定性。

1.5.2　主要试验依据

试验依据：《水泥标准稠度用水量、凝结时间、安定性检验方法》（GB/T 1346—2011）。

1.5.3　主要仪器设备

（1）雷氏沸腾箱

雷氏沸腾箱的内层由不易锈蚀的金属材料制成。箱内能保证试验用水在（30±5）min 内由室温升到沸腾，并可保持沸腾状态 3 h 以上。整个试验过程无须增添试验用水。箱体有效容积为 410 mm×240 mm×310 mm，一次可放雷氏夹试样 36 件或试饼 30～40 个。篦板与电热管的距离大于 50 mm。箱壁采用保温层以保证箱内各部位温度一致。

（2）雷氏夹

雷氏夹由铜质材料制成，其结构如图 1-11 所示。当一根指针的根部悬挂在一根金属丝或尼龙丝上，另一根指针的根部再挂上 300 g 的砝码时，两根指针的针尖距离增加应在（17.5±2.5）mm 范围（图 1-12 中 2X）以内，当去掉砝码后，针尖的距离能恢复到挂砝码前的状态。

（3）雷氏夹膨胀测定仪

如图 1-13 所示，雷氏夹膨胀测定仪标尺的最小刻度为 0.5 mm。

（4）玻璃板

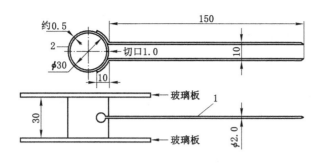

1—指针;2—环模。

图 1-11 雷氏夹(单位:mm)

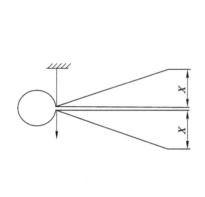

图 1-12 雷氏夹受力示意图

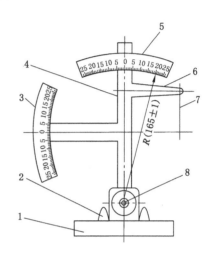

1—底座;2—模子座;3—测弹性标尺;4—立柱;
5—测膨胀标尺;6—悬臂;7—悬丝;8—弹簧顶扭。

图 1-13 雷氏夹膨胀测定仪

每个雷氏夹需配备质量为 75~80 g 的玻璃板 2 块。若采用试饼法(代用法)时,一个样品需准备 2 块尺寸约为 100 mm×100 mm×4 mm 的玻璃板。

(5) 水泥净浆搅拌机

水泥净浆搅拌机如图 1-8 所示。

1.5.4 试样的制备

(1) 雷氏夹试样(标准法)的制备

将雷氏夹放在已准备好的玻璃板上,并立即将已拌和好的标准稠度净浆装满试模。装模时一手扶持试模,另一手用宽约 10 mm 的小刀插捣 15 次左右,然后抹平,盖上玻璃板,立刻将试模移至湿气养护箱内,养护(24±2) h。

(2) 试饼法试样(代用法)的制备

从拌好的净浆中取约 150 g,分成 2 份,放在预先准备好的涂抹少许机油的玻璃板上,呈球形,然后轻轻振动玻璃板,水泥净浆即扩展成试饼。

用湿布擦过的小刀,自试饼边缘向中心修抹,并边修抹边将试饼略作转动,中间切忌添加净浆,做成直径为 70～80 mm、中心厚约 10 mm 的边缘渐薄、表面光滑的试饼。接着将试饼放入湿气养护箱内。自成型时起,养护(24±2) h。

1.5.5　试验方法与步骤

沸煮:用雷氏夹法(标准法)时,先测量试样指针尖端间的距离,精确到 0.5 mm,然后将试样放到水中篦板上。注意指针朝上,试样之间互不交叉,在(30±5) min 内加热试验用水至沸腾,并恒沸 3 h±5 min。在沸腾过程中,应保证水面高出试样 30 mm 以上。煮后将水放出,打开箱盖,待箱内温度冷却到室温时取出试样进行判别。

用试饼法(代用法)时,先调整好沸煮箱内的水位,使之能保证在整个沸煮过程中都超过试件,不需中途添补试验用水,同时又能保证在(30±5) min 内升至沸腾。脱去玻璃板取下试饼,在试饼无缺陷的情况下将试饼放在沸煮箱中的篦板上,在(30±5) min 内加热升至沸腾并恒沸(180±5) min。

1.5.6　试验结果处理

(1)雷氏夹法

煮后测量指针端的距离,记录至小数点后一位。当两个试样煮后增加距离的平均值不大于 5.0 mm 时,即认为该水泥安定性合格。当两个试样的增加距离值相差超过 5 mm 时,应用同一样品立即重做一次试验。在试验报告表中记录试验数据并评定结果。

(2)试饼法

煮后经肉眼观察未发现裂纹,用直尺检查没有弯曲,称为体积安定性合格;反之,称为不合格(图 1-14)。当两个试饼判别结果矛盾时,该水泥的体积安定性为不合格。

(a)崩溃　　　　(b)放射性龟裂　　　　(c)弯曲

图 1-14　安定性不合格的试饼

安定性不合格的水泥禁止使用。在试验报告表中记录试验情况并评定结果。

1.6　水泥胶砂强度检验

1.6.1　试验目的

根据国家标准要求,用 40 mm×40 mm×160 mm 棱柱试件测试水泥胶砂一定龄期时的抗压强度和抗折强度,从而确定水泥的强度等级或判定是否达到某一强度等级。

1.6.2　试验依据

试验依据:《水泥胶砂强度检验方法(ISO 法)》(GB/T 17671—2021)。

1.6.3　主要仪器设备

(1) 试模——由 3 个 40 mm×40 mm×160 mm 模槽组成,如图 1-15 所示;

(2) 抗折强度试验机——三点抗折;

(3) 加载速度可控制在(50±10) N/s;

(4) 抗压强度试验机——最大荷载为 200～300 kN,精度为 1%;

(5) 自动滴管或天平——225 mL,精度为 1 mL 或称量 500 g,精度为 1 g;

(6) 抗折和抗压夹具——如图 1-16 所示;

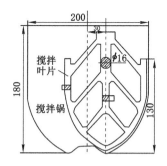

图 1-15　水泥胶砂搅拌机与试模(单位:mm)

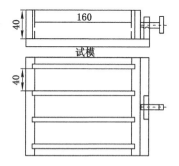

图 1-16　抗折和抗压夹具示意图(单位:mm)

(7) 水泥胶砂搅拌机——如图 1-17 所示;

(8) 胶砂振实台、模套、刮平直尺等。

1.6.4　试验方法及步骤

(1) 试验前准备

① 将试模擦净,紧密装配,内壁均匀刷一层薄机油。

② 每成型 3 块试件需称量水泥(450±2) g,标准砂(1 350±5) g。

③ 矿渣硅酸盐水泥、火山灰质硅酸盐水泥、粉煤灰硅酸盐水泥、复合硅酸盐水泥和掺火山灰质混合材的普通硅酸盐水泥:用水量按水灰比为 0.5 和胶砂流动度不小于 180 mm 来确定,当流动度小于 180 mm 时,以增加 0.01 倍数的水灰比调整胶砂流动度至不小于 180 mm。胶砂流动度试验见本章"水泥胶砂流动度试验"。

硅酸盐水泥和掺其他混合料的普通硅酸盐水泥:水灰比为 0.5,拌和用水量为(225±1) mL 或(225±1) g。

(2) 试件成型

① 将水加入锅内,再加入水泥,将锅固定后立即启动机器。低速搅拌 30 s 后在第 2 个 30 s 开始的同时均匀地将砂加入,再高速搅拌 30 s。停拌 90 s,在停拌的第一个 15 s 内将叶片和锅壁上的胶砂刮入锅中间,再高速搅拌 60 s。

② 将试模和模套固定在振实台上,将搅拌锅内胶砂分两层装入试模,装第一层时,每个

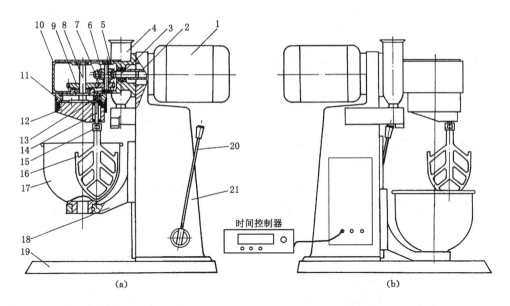

1—电动机;2—联轴套;3—蜗杆;4—砂罐;5—传动箱盖;6—蜗轮;7—齿轮Ⅰ;8—主轴;9—齿轮Ⅱ;10—传动箱;

11—内齿轮;12—偏心座;13—行星齿轮;14—搅拌叶轴;15—调节螺母;16—搅拌叶;17—搅拌锅;18—支座。

19—底座;20—手柄;21—立柱。

图 1-17　胶砂搅拌机结构示意图

槽内约放 300 g 胶砂,用大播料器垂直架在模套顶部沿每个模槽来回一次将料层拔平,接着振实 60 次。再装入第二层胶砂,用小播料器拔平,再振实 60 次。

③ 从振实台上取下试模,用一金属直尺以近似 90°从试模一端沿长度方向以横向锯割动作慢慢将超过试模部分的胶砂刮去,并用直尺近乎水平地将试件表面抹平。

④ 在试模上做标记或加字条标明试件编号和试件相对于振实台的位置。

(3) 养护

① 将试模水平放入养护室或养护箱,养护 20~24 h 后取出脱模。

② 脱模后立即放入水槽中养护,养护水温为(20±1) ℃,养护至规定龄期。

(4) 强度试验

① 龄期。各龄期的试件必须在下列时间内进行强度试验:24 h±15 min;48 h±30 min;72 h±45 min;7 d±2 h;>28 d±8 h。试件从水中取出后,在强度试验前应用湿布覆盖。

各龄期的试件必须在 3 d±45 min、28 d±2 h 内进行强度测定。

② 抗折强度测定。将试件一个侧面放在试验机支撑圆柱上,试件长轴垂直于支撑圆柱,通过加载圆柱以(50±10) N/s 的速度均匀地将荷载垂直地施加在棱柱体相对侧面上,直至折断。

保持两个半截棱柱体处于潮湿状态直至抗压试验。

抗折强度 R_f 按式(1-12)进行计算:

$$R_f = \frac{1.5 F_f L}{b^3} \tag{1-12}$$

式中　R_f——抗折强度,MPa;

F_f——折断时施加于棱柱体中部的荷载,N;

L——支撑圆柱之间的距离,mm;

b——棱柱体正方形截面的边长,mm。

a. 每个龄期取出 3 个试件,先做抗折强度试验,试验前必须擦去试件表面水分和砂粒,清除夹具上圆柱表面粘着的杂物,以试件侧面与圆柱接触方向将试件放入抗折夹具内。

b. 启动抗折机以(50 ± 10) N/s的速度加载,直至试件折断,记录破坏荷载 F_f。

c. 按式(1-13)计算抗折强度 R_f,精确至 0.1 MPa。

$$R_f = \frac{3}{2}\frac{F_f L}{bh^2} = 0.002\,34F_f \tag{1-13}$$

式中 R_f——抗折强度,MPa;

L——支撑圆柱中心距离为 100 mm;

b,h——试件断面宽及高均为 40 mm。

d. 抗折强度结果取 3 个试件抗折强度的算术平均值,精确至 0.1 MPa。当 3 个强度值中有 1 个超过平均值的$\pm10\%$时,应予以剔除,取其余 2 个数值的平均值;如果 2 个强度值超过平均值的$\pm10\%$时,应重做试验。

③ 抗压强度测定。

a. 取抗折试验后的 6 个断块进行抗压试验,抗压强度测定采用抗压夹具,试件受压面为 40 mm×40 mm,试验前应清除试件受压面与加压板间的砂粒或杂物;试验时以试件的侧面作为受压面。

b. 启动试验机,以$(2\,400\pm200)$ N/s的速度均匀地加载至破坏,记录破坏荷载 F_c。

c. 按式(1-14)计算抗压强度 R_c(精确至 0.1 MPa):

$$R_c = \frac{F_c}{A} \tag{1-14}$$

式中 R_c——抗压强度,MPa;

F_c——破坏荷载,N;

A——受压面积,即 40 mm×40 mm=1 600 mm^2。

d. 抗压强度结果:取 6 个试件抗压强度的算术平均值,精确至 0.1 MPa;如果 6 个测定值中有 1 个超出平均值的$\pm10\%$,应剔除这个结果,再以剩下 5 个的平均值作为抗压强度;如果 5 个测定值中再有超过其平均值$\pm10\%$的,则此组数据作废。

④ 试验计算结果的评定。

各品种水泥强度要求见表1-4。不同龄期的抗压强度和抗折强度需同时满足,否则不合格。

表1-4 水泥强度要求

水泥品种	强度等级	抗压强度/MPa		抗折强度/MPa	
		3 d	28 d	3 d	28 d
硅酸盐水泥	42.5	≥17.0	≥42.5	≥3.5	≥6.5
	42.5R	≥22.0		≥4.0	

表 1-4(续)

水泥品种	强度等级	抗压强度/MPa		抗折强度/MPa	
		3 d	28 d	3 d	28 d
硅酸盐水泥	52.5	≥23.0	≥52.5	≥4.0	≥7.0
	52.5R	≥27.0		≥5.0	
	62.5	≥28.0	≥62.5	≥5.0	≥8.0
	62.5R	≥32.0		≥5.5	
普通硅酸盐水泥	42.5	≥17.0	≥42.5	≥3.5	≥6.5
	42.5R	≥22.0		≥4.0	
	52.5	≥23.0	≥52.5	≥4.0	≥7.0
	52.5R	≥27.0		≥5.0	
矿渣硅酸盐水泥,火山灰质硅酸盐水泥,粉煤灰硅酸盐水泥,复合硅酸盐水泥	32.5	≥10.0	≥32.5	≥2.5	≥5.5
	32.5R	≥15.0		≥3.5	
	42.5	≥15.0	≥42.5	≥3.5	≥6.5
	42.5R	≥19.0		≥4.0	
	52.5	≥21.0	≥52.5	≥4.0	≥7.0
	52.5R	≥23.0		≥4.5	

1.7 水泥胶砂流动度试验

1.7.1 试验目的

水泥胶砂流动度是以一定配合比的水泥胶砂,在规定振动状态下在流动桌上扩展平均直径表示。通过流动度试验,可衡量水泥相对需水量的大小,也是矿渣硅酸盐水泥、火山灰质硅酸盐水泥、粉煤灰硅酸盐水泥、复合硅酸盐水泥和掺火山灰质混合材的普通硅酸盐水泥进行强度试验的必要前提。

1.7.2 试验依据

试验依据:《水泥胶砂流动度测定方法》(GB/T 2419—2005)、《水泥胶砂流动度标准样》(JBW 01-1-1)。

1.7.3 主要仪器设备

(1) 水泥胶砂流动度测定仪(也称为跳桌)(图 1-18);
(2) 天平:称量为 1 000 g,精度为 1 g;

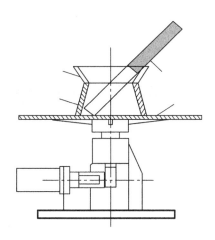

图 1-18　水泥胶砂流动度测定仪示意图

（3）试模：截锥圆模，高 60 mm，上口内径为 70 mm，下口内径为 100 mm；

（4）捣棒：直径 20 mm；

（5）卡尺、模套、料勺、小刀等。

1.7.4　试验方法及步骤

（1）试验前准备：检查水泥胶砂搅拌机运转是否正常，跳桌空跳 25 次。

（2）根据配合比按照"水泥胶砂强度试验"搅拌胶砂方法制备胶砂。

（3）在制备胶砂的同时，用湿布抹擦跳桌台面、试模、捣棒等与胶砂接触的工具并用湿抹布覆盖。

（4）将拌好的胶砂分 2 层迅速装入加模套的试模，扶住试模进行压捣。

（5）第一层装至约 2/3 模高处，并用小刀在两个垂直方向各划 5 次，用捣棒由边缘至中心压捣 15 次，压捣至 1/2 胶砂高度处。

（6）第二层装至约高出模顶 20 mm 处，并用小刀在两个垂直方向各划 5 次，用捣棒由边缘至中心压捣 10 次，压捣不超过第一层捣实顶面。

（7）压捣完毕，取下模套，用小刀沿倾斜方向由中间向两侧分两次近水平抹平顶面，擦去桌面胶砂，垂直轻轻提起试模。

（8）启动跳桌，按每秒 1 次的频率完成 25 次跳动。

（9）测量两个垂直方向上的直径，精确至 1 mm。

（10）自水泥加到水中到测量结束的时间不得超过 6 min。

1.7.5　试验结果的计算与确定

胶砂流动度试验结果取两个垂直方向上直径的算术平均值，精确至 1 mm。

第 2 章 混凝土用骨料试验

2.1 概述

通过对混凝土用砂、石进行试验,评定其质量,为混凝土配合比设计提供原材料参数。

试验依据:《建筑用砂》(GB/T 14684—2011)、《建筑用卵石、碎石》(GB/T 14685—2011)。

2.2 砂的筛分析试验

2.2.1 主要仪器设备

(1) 鼓风烘箱:温度控制在(105±5) ℃;

(2) 天平:称量 1 000 g,感量 1 g;

(3) 方孔筛,并附有筛底和筛盖:孔径为 150 μm、300m、600 μm、1.18 mm、2.36 mm、4.75 mm 及 9.50 mm 的筛各 1 只;

(4) 摇筛机、搪瓷盘、毛刷等。

2.2.2 试样制备

试验前先将试样通过 10 mm 筛,并算出筛余百分率。若试样含泥量超过 5%,应先用水洗。称取每份不少于 550 g 的试样 2 份,分别倒入两个浅盘,在(105±5) ℃的温度下烘干至恒重,冷却至室温备用。

2.2.3 试验步骤

① 准确称取烘干试样 500 g,置于按筛孔大小顺序排列的最上面一只筛上。将套筛装入摇筛机内固定,摇筛 10 min 左右,然后取出套筛,按筛孔大小顺序在清洁的浅盘上逐个进行手筛,直至每分钟筛出量不超过试样总质量的 0.1%,通过的颗粒并入下一个筛,按此顺序进行,直至每个筛全部筛完。

② 称量各筛筛余试样(精确全 1 g),试样在各筛上的筛余量不超过 200 g,超过时应将该筛余试样分成 2 份进行筛分,并以 2 次筛余量之和作为该号筛的筛余量。所有各筛的分计筛余量和底盘中剩余量的总和与筛分前的试样总质量相比,其差不得超过试样总质量的 1%,否则重做试验。

2.2.4　计算结果与评定

① 计算分计筛余百分率:各号筛上的筛余量与试样总质量之比,计算精确至 0.1%。

② 计算累计筛余百分率:该号筛的筛余百分率加上该号筛以上各筛余百分率之和,计算精确至 0.1%。筛分后,如果每号筛的筛余量与筛底的剩余量之和同原试样质量之差超过 1%,重做试验。

③ 砂的细度模数 M_x 可按式(2-1)计算,精确至 0.01。

$$M_x = \frac{(A_2 + A_3 + A_4 + A_5 + A_6) - 5A_1}{100 - A_1} \tag{2-1}$$

式中　M_x——细度模数;

　　　A_1、A_2、A_3、A_4、A_5、A_6——分别为 4.75 mm、2.36 mm、1.18 mm、600 μm、300 μm、150 μm 筛的累计筛余量。

④ 累计筛余百分率取两次试验结果的算术平均值,精确至 1%。细度模数取两次试验结果的算术平均值,精确至 0.1;如果两次试验的细度模数之差大于 0.20,重做试验。分计筛余率和累计筛余率的计算关系见表 2-1;砂的级配区见表 2-2;砂级配区曲线如图 2-1 所示。

表 2-1　分计筛余率和累计筛余率的计算关系

筛孔尺寸/mm	筛余量/g	分计筛余率/%	累计筛余率/%
4.75	m_1	$a_1 = m_1/m$	$A_1 = a_1$
2.36	m_2	$a_2 = m_2/m$	$A_2 = A_1 + a_2$
1.18	m_3	$a_3 = m_3/m$	$A_3 = A_2 + a_3$
0.600	m_4	$a_4 = m_4/m$	$A_4 = A_3 + a_4$
0.300	m_5	$a_5 = m_5/m$	$A_5 = A_4 + a_5$
0.150	m_6	$a_6 = m_6/m$	$A_6 = A_5 + a_6$
底盘	$m_底$	$m = m_1 + m_2 + m_3 + m_4 + m_5 + m_6 + m_底$	

注:M_x:3.1~3.7 时为粗砂;2.3~3.0 时为中砂;1.6~2.2 时为细砂;0.7~1.5 时为特细砂。

表 2-2　砂的级配区

筛孔尺寸/mm	级配区累计筛余率/%		
	级配区 1	级配区 2	级配区 3
9.50	0	0	0
4.75	0~10	0~10	0~10
2.36	5~35	0~25	0~15
1.18	35~65	10~50	0~25
0.6	71~85	41~70	16~40
0.3	80~95	70~92	55~85
0.15	90~100	90~100	90~100

注:砂的实际颗粒级配与表中所列数字相比,除 4.75 mm 和 600 μm 筛档外,可以略超出,但超出总量应小于 5%。

　　1 区人工砂中 150 μm 筛孔的累计筛余率可以放宽到 85%~100%,2 区人工砂中 150 μm 筛孔的累计筛余率可以放宽到 80%~100%,3 区人工砂中 150 μm 筛孔的累计筛余率可以放宽到 75%~100%。

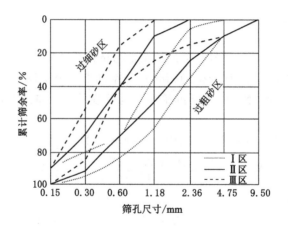

图 2-1 砂级配区曲线

2.3 砂的密度试验

2.3.1 表观密度试验

2.3.1.1 试验依据

试验依据:《建筑用砂》(GB/T 14684—2011)、《普通混凝土用砂、石质量及检验方法标准》(JGJ 52—2006)。

2.3.1.2 主要仪器设备

(1) 鼓风烘箱:温度控制在(105±5) ℃;

(2) 天平:称量 1 000 g,感量 1 g;

(3) 容量瓶:500 mL;

(4) 烧杯:500 mL;

(5) 干燥器、浅盘、温度计等。

2.3.1.3 试验步骤

(1) 将缩分至 660 g 左右的试样在温度为(105±5) ℃的烘箱中烘干至恒重,并在干燥器中冷却至室温,分成两份备用。

(2) 称取烘干的试样 300 g(m_0),装入盛有半瓶蒸馏水的容量瓶。

(3) 摇转容量瓶,使试样在水中充分搅动以排除气泡,塞紧瓶塞,静置 24 h 左右,然后用滴管添水,使水面与瓶颈刻度线平齐,再塞紧瓶塞,擦干瓶外水分,称其总质量 m_1。

(4) 倒出瓶中的水和试样,将瓶的内外表面洗净,再向瓶中注入与步骤(2)水温相差不超过 2 ℃的蒸馏水至瓶颈刻度线。塞紧瓶塞,擦干瓶外水分,称其总质量 m_2。

2.3.1.4 试验结果

砂的表观密度按式(2-2)计算,精确至 0.01 g/cm³。

$$\rho_{0s} = \frac{m_0}{m_0 + m_2 - m_1} \tag{2-2}$$

式中　ρ_{0s}——表观密度,g/cm³;

m_0——烘干试样的质量,g;

m_1——试样、水及容量瓶的总质量,g;

m_2——水及容量瓶的总质量,g;

表观密度取两次试验结果的算术平均值,如果两次试验结果之差大于 0.02 g/cm³,重做试验。

2.3.2　堆积密度试验

2.3.2.1　试验依据

试验依据:《建筑用砂》(GB/T 14684—2011)、《普通混凝土用砂、石质量及检验方法标准》(JGJ 52—2006)。

2.3.2.2　主要仪器设备

(1) 容量筒:金属圆柱形,容积为 1 L。

(2) 标准漏斗:具体尺寸如图 2-2 所示。

(3) 天平:称量为 10 kg,精度为 1 g。

(4) 烘箱:温度控制在(105±5)℃;

(5) 方孔筛、直尺、垫棒等。

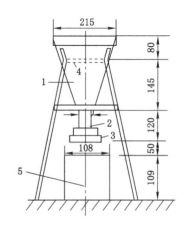

1—漏斗;2—φ20 mm 管子;3—活动门;
4—筛;5—金属量筒。

图 2-2　标准漏斗(单位:mm)

2.3.2.3　试验步骤

用搪瓷盘装取试样约 3 kg,放在烘箱中于(105±5)℃下烘干至恒重,待冷却至室温后筛除大于 4.75 mm 的颗粒,分为大致相等的两份备用,称取容量筒的质量 m_1。

松散堆积密度:取试样一份,用漏斗或料勺从容量筒中心上方 50 mm 处徐徐倒入,让试样自由落下,当容量筒上部试样呈锥体,且容量筒四周溢满时,停止加料。然后用直尺沿筒口中心线向两边刮平(试验过程中防止触动容量筒),称取试样和容量筒的总质量 m_2。

紧密堆积密度:取试样一份分两次装入容量筒。装完第一层后在筒底垫放 1 根直径为 10 mm 的圆钢,将筒按住,左右交替击地面各 25 次。然后装入第二层,第二层装满后采用同样的方法颠实(但筒底所垫钢筋的方向与第一层的方向垂直)后,再加试样直至超过筒口,然后用直尺沿筒口中心向两边刮平,称取试样和容量筒的总质量 m_2。

2.3.2.4　结果计算与评定

(1) 松散堆积密度或紧密堆积密度按式(2-3)计算,精确至 10 kg/m³。

$$\rho'_{0s} = \frac{m_2 - m_1}{V} \tag{2-3}$$

式中　ρ'_{0s}——松散堆积密度或紧密堆积密度,kg/m³;

m_1——容量筒质量,kg;

m_2——容量筒和试样的总质量,kg;

V——容量筒的容积,L。

堆积密度取两次试验结果的算术平均值。

（2）空隙率按式（2-4）计算，精确至 1%。

$$p' = \left(1 - \frac{\rho'_{0s}}{\rho_{0s}}\right) \times 100\% \tag{2-4}$$

式中　p'——空隙率；

　　　　ρ'_{0s}——试样的松散（或紧密）堆积密度，kg/m^3；

　　　　ρ_{0s}——试样表观密度，kg/m^3。

空隙率取两次试验结果的算术平均值，精确至 1%。

2.4　砂含泥量试验

砂含泥量指粒径小于 75 μm 的颗粒含量。含泥量对混凝土拌合物和易性有较大的影响。小颗粒含量大时，由于其表面积大，需水量将增大，但对于低等级的塑性贫混凝土，则有利于改善其和易性。因此，砂技术指标中针对不同强度等级混凝土用砂的含泥量做了相应的规定。

通过含泥量试验，获得砂的含泥量值，判定砂的颗粒级配情况；根据累计筛余率计算出砂的细度模数，评定砂规格，即粗砂、中砂或细砂。

2.4.1　试验依据

试验依据：《试验筛 技术要求和检验 第 1 部分：金属丝编织网试验筛》（GB/T 6003.1—2012）、《建筑用砂》（GB/T 14684－2011）、《普通混凝土用砂、石质量及检验方法标准》（JGJ 52—2006）、《公路工程集料试验规程》（JTG E42—2005）。

2.4.2　试验仪器

（1）天平：感量不大于 1 g；

（2）方孔筛：孔径为 0.075 mm 及 1.18 mm；

（3）烘箱、筒、浅盘等。

2.4.3　试验步骤

（1）取烘干的试样一份（质量为 m_0）置于容器中，并注入饮用水，使水面高出砂面约 150 mm，充分拌混均匀后浸泡 2 h，然后用手在水中淘洗试样，使尘屑、淤泥和黏土与砂粒分离，并使之悬浮或溶于水中。缓缓地将浑浊液倒在 1.25 mm 及 0.080 mm 的套筛（1.25 mm 筛放置在上面）上，滤去小于 0.080 mm 的颗粒。试验前筛子的两面应用水润湿，在整个试验过程中应注意避免砂粒丢失。

（2）再次加水到筒中，重复上述过程，直至筒内洗出的水清澈。

（3）用水冲洗剩留在筛上的细粒，并将 0.080 mm 筛放在水中（使水面略高出筛中砂粒的上表面）来回摇动，以充分洗除小于 0.080 mm 的颗粒。然后将两只筛上剩留的颗粒和筒中已经洗净的试样一并装入浅盘，置于温度为（105±5）℃的烘箱中烘干至恒重。取出来冷却至室温后称取试样的质量（m_1）。

2.4.4　结果计算

$$Q_a = (m_0 - m_1)/m_0 \times 100\% \tag{2-5}$$

式中　Q_a——砂中含泥量;

　　　m_1——试验前烘干试验试样质量,g;

　　　m_0——试验后烘干试验试样质量,g。

以上两个试样试验结果的算术平均值作为测定值,两次结果的差值超过 0.5% 时应重新取样。砂含泥量要求见表 2-3。

表 2-3　砂含泥量要求　　　　　　　　　　单位:%

项　　目	Ⅰ类	Ⅱ类	Ⅲ类
含泥量(按质量计)	<1.0	<3.0	<5.0

2.5　泥块含量试验

2.5.1　试验仪器

(1) 天平:感量不大于 2 g;

(2) 标准筛:0.6 mm、1.18 mm;

(3) 烘箱、筒、浅盘等。

2.5.2　试验步骤

试验步骤同 2.4.3 节。

2.5.3　结果计算

$$Q_b = (m_1 - m_2)/m_1 \times 100\% \tag{2-6}$$

式中　Q_b——砂中大于 1.18 mm 的泥块含量;

　　　m_1——试验前存留于 1.18 mm 筛上试样的烘干试样质量,g;

　　　m_2——试验后烘干试样质量,g。

以两个试样试验结果的算术平均值作为测定值,两次结果的差值超过 0.4% 时应重新取样。

2.6　砂的坚固性试验

坚固性是指在自然风化和其他外界物理化学因素作用下抵抗破坏的能力。处于严寒及寒冷地区室外并经常处于潮湿或干湿交替状态的混凝土用砂,有抗疲劳、耐磨、抗冲击要求的混凝土用砂及有腐蚀介质作用或经常处于水位变化区之底下的结构混凝土用砂均有坚固性要求。因此,砂技术指标中针对不同强度等级混凝土用砂的坚固性做了相应的规定。通过坚固性试验,获得砂的质量损失,判定砂质量。

2.6.1 试验依据

试验依据:《试验筛 技术要求和检验 第1部分:金属丝编织网试验筛》(GB/T 6003.1—2012)、《建筑用砂》(GB/T 14684—2011)、《普通混凝土用砂、石质量及检验方法标准》(JGJ 52—2006)。

2.6.2 主要仪器设备

(1)标准筛:同筛分试验;

(2)天平:称量为1 000 g,精度为0.1 g;

(3)烘箱:温度控制在(105±5)℃;

(4)网篮、浅盘、容器等。

2.6.3 试样制备

将采用四分法缩取的约2 000 g试样,浸泡淋洗后置于(105±5)℃的烘箱中烘干至恒重,筛分成0.3~0.6 mm、0.6~1.18 mm、1.18~2.36 mm和2.36~4.75 mm 4个粒级备用。

2.6.4 试验方法及步骤

(1)配置10%的氯化钡和25.9%的硫酸钠溶液。

(2)准确称取各粒级试样各100 g(m_{0i}),精确至0.1 g。

(3)将各粒级试样分别装网篮后浸入硫酸钠溶液,浸泡时间为20 h,溶液温度保持在20~25 ℃。

(4)取出网篮并置于(105±5)℃烘箱中烘干4 h,取出冷却至20~25 ℃,完成第1个循环。

(5)按上述步骤进行第2个循环,此次开始浸泡和烘干的时间均为4 h,共循环5次。

(6)最后一次循环后用温水清洗试样,至清洗后的水中加入氯化钡不出现白色浑浊为止。

(7)将洗净的试样置于(105±5)℃烘箱中烘干至恒重,并用各级孔径下限的筛过筛,称取各粒级试样的筛余量m_{1i},精确至0.1 g。

2.6.5 试验结果计算与评定

(1)按式(2-7)计算各粒级试样的质量损失百分率P_i,精确至0.1%。

$$P_i = \frac{m_{0i} - m_{1i}}{m_{0i}} \times 100\% \tag{2-7}$$

式中　m_{0i}——各粒级试样试验前的质量,g;

m_{1i}——各粒级试样试验后的筛余量,g。

(2)按式(2-8)计算试样的总质量损失百分率P,精确至0.1%。

$$P = \frac{\partial_1 P_1 + \partial_2 P_2 + \partial_3 P_3 + \partial_4 P_4}{\partial_1 + \partial_2 + \partial_3 + \partial_4} \times 100\% \tag{2-8}$$

式中　$\partial_1,\partial_2,\partial_3,\partial_4$——各粒级试样质量占试样(原试样中筛除了大于 4.75 mm 及小于 0.3 mm 的颗粒)总质量的百分率;

　　P_1,P_2,P_3,P_4——各粒级试样质量损失百分率。

(3)砂坚固性要求见表 2-4。

表 2-4　砂坚固性要求　　　　　　　　　　　　　　　　　单位:%

项　目	Ⅰ类	Ⅱ类	Ⅲ类
质量损失百分率	<8	<8	<10

2.7　砂的含水率试验

进行混凝土配合比计算时,砂石材料以干燥状态为基准,即砂的含水率小于 0.5%,石的含水率小于 0.2%。在混凝土搅拌现场,砂通常含有部分水,为精确控制混凝土各项材料用量,需要预先测试砂、石的含水率。

2.7.1　试验依据

试验依据:《建筑用砂》(GB/T 14684—2011)、《普通混凝土用砂、石质量及检验方法标准》(JGJ 52—2006)、《公路工程集料试验规程》(JTG E42—2005)。

2.7.2　主要仪器设备

(1)天平:称量为 1 000 g,精度为 0.1 g;

(2)烘箱:温度控制在(105±5) ℃;

(3)浅盘、容器等。

2.7.3　试样制备

将自然潮湿状态下的砂采用四分法缩取约 1 100 g,拌匀后分为大致相等的 2 份备用。

2.7.4　试验方法及步骤

(1)准确称取试样的质量 m_1,精确至 0.1 g;

(2)将试样放到浅盘或容器中,置于(105±5) ℃烘箱中烘干至恒重;

(3)取出冷却至室温后称取其质量 m_0,精确至 0.1 g。

2.7.5　试验结果计算与评定

按式(2-9)计算砂含水率 w,精确至 0.1%。

$$w = \frac{m_1 - m_0}{m_0} \times 100\% \tag{2-9}$$

式中　w——含水率;

m_1——烘干前的试样质量,g;

m_0——烘干后的试样质量,g。

测试结果取两个平行试样试验结果的算术平均值,精确至 0.1%,两次所得结果之差不应大于 0.2%,否则重做试验。

2.8 石子的筛分析试验

石子根据粒径及分布可分为连续粒级和单粒级两种。连续粒级是指 5 mm 以上至最大粒径 D_{max},各粒级均占一定比例且在一定范围内。单粒级是指从 1/2 最大粒径至 D_{max},粒径较集中。单粒级宜用于组成满足要求的连续粒级,也可与连续粒级混合使用,以改善级配或配成较大粒度的连续粒级。单粒级一般不宜单独用来配制混凝土。通过石子的筛分试验,可测定石子的颗粒级配和粒级规格,为其在混凝土中使用和进行混凝土配合比设计提供依据。

2.8.1 试验依据

试验依据:《试验筛 技术要求和检验 第 1 部分:金属丝编织网试验筛》(GB/T 6003.1—2012)、《建筑用卵石、碎石》(GB/T 14685—2011)、《普通混凝土用砂、石质量及检验方法标准》(JGJ 52—2006)、《公路工程集料试验规程》(JTG E42—2005)。

2.8.2 主要仪器设备

(1) 鼓风烘箱:温度控制在(105±5)℃;

(2) 台秤:称量 10 kg,感量 1g;

(3) 方孔筛:孔径为 2.36 mm、4.75 mm、9.50 mm、16.0 mm、19.0 mm、26.5 mm、31.5 mm、37.5 mm、53.0 mm、63.0 mm、75.0 mm 及 90 mm 的筛各 1 只,并附有筛底和筛盖(筛框内径为 300 mm);

(4) 摇筛机、搪瓷盘、毛刷等。

2.8.3 试样制备

从取回试样中采用四分法缩取不少于规定的试样数量,经烘干或风干后备用。

2.8.4 试验步骤

① 按表 2-5 规定称取烘干或风干试样质量 m_0,精确至 1 g。

表 2-5 石子筛分析所需试样的最小质量

最大粒径/mm	9.5	16.0	19.0	26.5	31.5	37.5	63.0	75.0
最小试样质量/kg	1.9	3.2	3.8	5.0	6.3	7.5	12.6	16.0

② 将试样按筛孔大小顺序过筛,当每号筛上筛余层的厚度大于试样的最大粒径时,应将该号筛上的筛余分成 2 份,再次筛分,直至各筛每分钟通过量不超过试样总量的 0.1%。

③ 称取各筛筛余质量,精确至试样总质量的 0.1%。在筛上的所有分计筛余量和筛底剩余的总和与筛分前测定的试样总质量相比,其相差不得超过 1%。

2.8.5　结果计算

① 分计筛余百分率——各筛上筛余量除以试样总质量的百分数,精确至 0.1%。

② 累计筛余百分率——该筛上分计筛余百分率与大于该筛的各筛上的分计筛余百分率之和,精确至 1%。

③ 级配的判定——粗骨料各筛上的累计筛余百分率是否满足规定的粗骨料颗粒级配范围要求。

④ 分计筛余率和累计筛余率的计算关系同砂筛分试验;石的颗粒级配范围见表 2-6。

表 2-6　石的颗粒级配范围

粒级情况	公称粒级	累计筛余率/%											
		筛孔尺寸(方孔筛)/mm											
		2.36	4.75	9.50	16.0	19.0	26.5	31.5	37.5	53.0	63.0	75.0	90
连续粒级	5~10	95~100	80~100	0~15	0	—	—	—	—	—	—	—	—
	5~16	95~100	85~100	30~60	0~10	0	—	—	—	—	—	—	—
	5~20	95~100	90~100	40~80	—	0~10	0	—	—	—	—	—	—
	5~25	95~100	90~100	—	30~70	—	0~5	0	—	—	—	—	—
	5~31.5	95~100	90~100	70~90	—	15~45	—	0~5	0	—	—	—	—
	5~40	—	95~100	75~90	—	30~65	—	—	0~5	0	—	—	—
单粒级	10~20		95~100	85~100	—	0~15	0	—	—	—	—	—	—
	16~31.5		95~100	—	85~100	—	—	0~10	0	—	—	—	—
	20~40			95~100	—	80~100	—	—	0~10	0	—	—	—
	31.5~63			—	95~100	—	—	75~100	45~75	—	0~10	0	—
	40~80			—	—	95~100	—	—	70~100	—	30~60	0~10	0

2.9　石子的密度试验

2.9.1　表观密度试验(简易法)

2.9.1.1　试验依据

试验依据:《建筑用卵石、碎石》(GB/T 14685—2011)、《普通混凝土用砂、石质量及检验方法标准》(JGJ 52—2006)。

2.9.1.2 广口瓶法

本方法适用于最大粒径不超过 37.5 mm 的碎石或卵石。

(1) 主要仪器设备

① 广口瓶:1 000 mL,磨口;

② 天平:称量为 2 000 g,精度为 1 g;

③ 烘箱:温度控制在(105±5) ℃;

④ 筛子:方孔,孔径为 4.75 mm;

⑤ 浅盘、温度计、玻璃片等。

(2) 试样制备

试样制备可参照前述的取样与处理方法。

(3) 试验步骤

① 按规定取样,并缩分至略大于表 2-7 规定的数量,风干后筛除小于 4.75 mm 的颗粒,然后洗刷干净,分为大致相等的两份备用。

表 2-7 最少试样质量

最大粒径/mm	<26.5	31.5	37.5	63.0	75.0
最少试样质量/kg	2.0	3.0	4.0	6.0	6.0

② 将试样浸水饱和,然后装入广口瓶。装试样时,广口瓶应倾斜放置,注入饮用水,用玻璃片覆盖瓶口,采用摇晃的方法排除气泡。

③ 气泡排尽后,向瓶中添加饮用水直至水面凸出瓶口边缘。然后用玻璃片沿瓶口迅速滑行,使其紧贴瓶口水面。擦干瓶外水分后,称取试样、水、瓶和玻璃片总质量 m_1,精确至 1 g。

④ 将瓶中试样倒入浅盘,放在烘箱中于(105±5) ℃下烘干至恒重,待冷却至室温后,称取其质量 m_0,精确至 1 g。

⑤ 将瓶洗净并重新注入饮用水,用玻璃片紧贴瓶口水面,擦干瓶外水分后,称取水、瓶和玻璃片总质量 m_2,精确至 1 g。

注:试验时各项称量可以在 15~25 ℃ 范围内进行,但是从试样加水静止的 2 h 起至试验结束,其温度变化不应超过 2 ℃。

(4) 结果计算与评定

① 表观密度按式(2-10)计算,精确至 0.01 g/cm³。

$$\rho_{0g} = \frac{m_0}{m_0 + m_2 - m_1}$$

(2-10)

式中　ρ_{0g}——石子表观密度,g/cm³;

　　　m_0——烘干后试样的质量,g;

　　　m_1——试样、水、瓶和玻璃片的总质量,g;

m_2——水、瓶和玻璃片的总质量,g。

② 表观密度取两次试验结果的算术平均值,两次试验结果之差大于 0.02 g/cm³ 时必须重做试验。对于颗粒材质不均匀的试样,如果两次试验结果之差超过 0.02 g/cm³,可取 4 次试验结果的算术平均值。

2.9.1.3　静水(浸水)天平法

(1)主要仪器设备

① 静水(浸水)天平:由电子天平和静水力学装置组合而成,称量为 10 kg,精度为 5 g;

② 烘箱:温度控制在(105±5)℃;

③ 筛子:方孔,孔径为 4.75 mm;

④ 网篮、盛水容器、浅盘、温度计等。

(2)试样制备

将试样筛去粒径小于 4.75 mm 的颗粒后洗刷干净,采用四分法(见砂、石试验)缩分至表 2-7 规定的数量,分成大致相等的 2 份备用。

(3)试验方法与步骤

① 将网篮浸泡于盛水容器中,并通过溢流孔调整液面高度至稳定,使天平显示为 0;

② 将浸水饱和后试样放入网篮,用上下升降的方法排除气泡,试样不得高于液面;

③ 将网篮挂于天平挂钩,并使液面高出试样 50 mm 以上;

④ 用同温度水注入盛水容器,直至高出溢流孔;

⑤ 待液面稳定后称取试样在水中的质量 m_1,精确至 5 g;

⑥ 测定水温;

⑦ 将网篮中的试样倒入浅盘,置于(105±5)℃烘箱中烘干至恒重,冷却至室温后称取试样的质量 m_0,精确至 5 g。

(4)试验结果计算与评定

① 按式(2-11)计算石子的表观密度 ρ_{0g}(精确至 10 kg/m³),ρ_w 取 1 000 kg/m³。

$$\rho_{0g} = \frac{m_0}{m_0 - m_1} \cdot \rho_w \qquad (2\text{-}11)$$

② 最后结果取两个平行试样试验结果的算术平均值。两次测定结果的差值不应大于 20 kg/m³,否则重做试验。

③ 对于材质不均匀的试样,如果两次试验结果之差超过 20 kg/m³,最后结果可取 4 次试验结果的算术平均值。

2.9.2　堆积密度试验

(1)仪器设备

① 台秤:称量 10 kg,感量 10 g;

② 磅秤:称量 50 kg,感量 50 g;

③ 容量筒:规格见表 2-8;

表 2-8　容量筒规格

最大粒径/mm	容量筒容积/L	内径/mm	净高/mm	壁厚/mm
9.5,16.0,19.0,26.5	10	208	294	2
31.5,37.5	20	294	294	3
53.0,63.0,75.0	30	360	294	4

④ 垫棒:直径 16 mm、长 600 mm 的圆钢;

⑤ 直尺,小铲等。

(2)试样制备

试样制备可参照前述的取样与处理方法。

(3)试验步骤

① 松散堆积密度:取试样 1 份,用小铲从容量筒中心上方 50 mm 徐徐倒入,让试样自由落下,当容量筒上部试样呈锥体,且容量筒四周溢满时,停止加料。除去凸出容量口表面的颗粒,并以合适的颗粒填入凹陷部分,使表面稍凸部分和凹陷部分的体积大致相等(试验过程中应防止触动容量筒),称取试样和容量筒的总质量 m_2。

② 紧密堆积密度:取试样 1 份分 3 次装入容量筒。装完第一层后在筒底垫放 1 根直径为 16 mm 的圆钢,将筒按住,左右交替击地面各 25 次。再装入第二层,第二层装满后用同样的方法颠实(但筒底所垫钢筋的方向与第一层的方向垂直),然后装入第三层,按同样方法颠实。试样装填完毕再加试样,直至超过筒口,并用钢尺沿筒口边缘刮去高出的部分,并用合适的颗粒填入凹陷部位,使表面稍凸部分和凹陷部分的体积大致相等(试验过程中应防止触动容量筒),称取试样和容量筒的总质量 m_2。

(4)结果计算与评定

① 松散或紧密堆积密度按式(2-12)计算,精确至 10 kg/m³。

$$\rho'_{0g} = \frac{m_2 - m_1}{V} \tag{2-12}$$

式中　ρ'_{0g}——松散堆积密度或紧密堆积密度,kg/m³;

　　　m_1——容量筒质量,kg;

　　　m_2——容量筒和试样的总质量,kg;

　　　V——容量筒的容积,L。

② 空隙率按式(2-13)计算,精确至 1%。

$$p' = \left(1 - \frac{\rho'_{0g}}{\rho_{0g}}\right) \times 100\% \tag{2-13}$$

式中　p'——空隙率;

　　　ρ'_{0g}——松散(或紧密)堆积密度,kg/m³;

　　　ρ_{0g}——表观密度,kg/m³。

③ 堆积密度取两次试验结果的算术平均值。空隙率取两次试验结果的算术平均值,精确至 1%。

2.10　石子的针、片状含量试验

针状颗粒是指石子的长度大于所属粒级平均粒径的 2.4 倍,片状颗粒是指石子的厚度小于所属粒级平均粒径的 0.4 倍。针、片状颗粒使骨料的空隙率增大,降低混凝土的和易性和强度。

通过石子的针、片状含量试验,可评判石子的质量,为其在混凝土中的使用提供依据。粒径小于 37.5 mm 的颗粒可采用规准仪方法,大于 37.5 mm 的颗粒可采用卡尺方法。

2.10.1　试验依据

试验依据:《试验筛 技术要求和检验 第 1 部分:金属丝编织网试验筛》(GB/T 6003.1—2012)、《建筑用卵石、碎石》(GB/T 14685—2011)、《公路工程集料试验规程》(JTG E42—2005)。

2.10.2　主要仪器设备

① 规准仪:针状规准仪如图 2-3 所示,片状规准仪如图 2-4 所示;

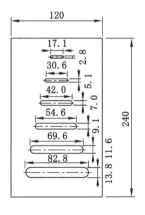

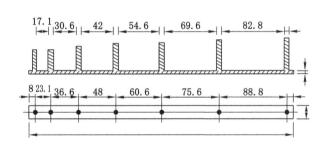

图 2-3　针状规准仪(单位:mm)　　　　　　图 2-4　片状规准仪(单位:mm)

② 台秤:称量为 10 kg,精度为 1 g;

③ 标准筛:方孔,孔径为 4.75 mm、9.50 mm、16.0 mm、19.0 mm、26.5 mm、31.5 mm、37.5 mm;

④ 卡尺、搪瓷盆等。

2.10.3　试样制备

所取样采用四分法缩取略大于表 2-7 规定的试样数量,烘干或风干后备用。

2.10.4　试验方法与步骤

(1) 按表 2-9 规定称取烘干或风干试样 1 份(m_0),精确至 1 g。

表 2-9　石子针、片状颗粒含量试验所需试样的最小质量

最大粒径/mm	9.5	16.0	19.0	26.5	31.5	37.5	63.0	75.0
最小试样质量/kg	0.3	1.0	2.0	3.0	5.0	10.0	10.0	10.0

（2）按表 2-10、表 2-11 规定粒级，采用石子筛分方法进行筛分。

表 2-10　石子针、片状颗粒含量试验的粒级划分及其相应的规准仪孔宽或间距　　　单位:mm

石子粒级	4.75～9.50	9.50～16.0	16.0～19.0	19.0～26.5	26.5～31.5	31.5～37.5
片状规准仪相对应孔宽	2.8	5.1	7.0	9.1	11.6	13.8
针状规准仪相对应间距	17.1	30.6	42.0	54.6	69.6	82.8

表 2-11　石子针、片状颗粒含量试验的粒级划分及卡尺卡口要求　　　单位:mm

石子粒级	37.5～53.0	53.0～63.0	63.0～75.0	75.0～90.0
检验片状颗粒的卡尺卡口设定宽度	18.1	23.0	27.6	33.0
检验针状颗粒的卡尺卡口设定宽度	108.6	139.2	165.6	198.0

（3）用规准仪或卡尺对石子逐粒进行检验，凡长度大于针状规准仪对应间距或大于针状颗粒的卡尺卡口设定宽度者，为针状颗粒；凡厚度小于片状规准仪对应孔宽度或小于片状颗粒的卡尺卡口设定宽度者，为片状颗粒。

（4）称取针、片状颗粒总质量 m_1，精确至 1 g。

2.10.5　试验结果的计算与判定

（1）按式（2-14）计算针、片状含量 Q_c，精确至 1%。

$$Q_c = \frac{m_1}{m_0} \times 100\% \qquad (2-14)$$

式中　Q_c——针、片状颗粒含量；

　　　m_0——试样的质量，g；

　　　m_1——试样中针、片状颗粒总质量，g。

（2）针、片状含量要求见表 2-12。

表 2-12　针、片状含量要求　　　单位%

项目	Ⅰ类	Ⅱ类	Ⅲ类
针片状（按质量计）	＜5	＜15	＜25

2.11　石子的强度试验

石子的强度可采用岩石的抗压强度或石子压碎值指标两种方法表示。岩石抗压强度是

一种直观的表述岩石承受荷载的能力。石子压碎指标值用于相对的衡量石子在逐渐增加的荷载作用下抵抗压碎的能力。通过石子的强度试验,有利于混凝土骨料的合理选择和工程施工过程中混凝土质量的控制。

2.11.1　岩石抗压强度试验

2.11.1.1　试验依据

试验依据:《建筑用卵石、碎石》(GB/T 14685—2011)、《普通混凝土用砂、石质量及检验方法标准》(JGJ 52—2006)。

2.11.1.2　主要仪器设备

(1)压力试验机:量程为 1 000 kN,精度为 2%;

(2)锯石机或钻石机、磨平机、游标卡尺等。

2.11.1.3　试验方法及步骤

(1)将岩石试样(或岩芯)制成边长为 50 mm 的正方体或直径与高均为 50 mm 的圆柱形试件,每 6 个试件为一组。

(2)用游标卡尺测定试件尺寸,精确至 0.1 mm。取顶面和底面面积的算术平均值作为计算抗压强度所用的截面积。

(3)将试件泡水 48 h,水的深度高出试件 20 mm 以上。

(4)取出试件,擦干表面,在压力机上以 0.5~1 MPa/s 的速度加载至试件破坏。

2.11.1.4　试验结果的计算与评定

(1)按式(2-15)计算试件的抗压强度 R,精确至 0.1 MPa。

$$R = F/A \tag{2-15}$$

式中　R——抗压强度,MPa;

　　　F——极限破坏荷载,N;

　　　A——试件的截面面积,mm^2。

(2)抗压强度取 6 个试件试验结果的算术平均值,并给出最小值,精确至 1 MPa。

(3)岩石抗压强度要求见表 2-13。

表 2-13　岩石抗压强度要求　　　　　　　　　　　　　　　　　　单位:MPa

项目	火成岩	变质岩	水成岩
岩石抗压强度	≥80	≥60	≥30

注:试件的含水状态除上述饱水状态外,也可以选用天然含水状态、烘干状态或其他含水状态;对存在显著层理的岩石,应分别给出受力方向平行和垂直层理的结果。

2.11.2　石子的压碎指标值试验

2.11.2.1　试验依据

试验依据:《建筑用卵石、碎石》(GB/T 14685—2011)、《普通混凝土用砂、石质量及检验方法标准》(JGJ 52—2006)、《公路工程集料试验规程》(JTG E42—2005)。

2.11.2.2 主要仪器设备

(1) 压力试验机:量程为 300 kN,精度为 2%;

(2) 压碎值测定仪:如图 2-5 所示;

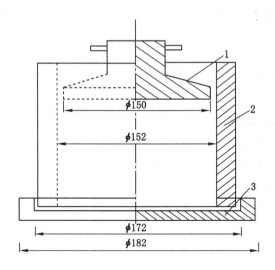

1—加压头;2—圆模;3—底盘。

图 2-5 压碎值测定仪(单位:mm)

(3) 台秤:称量为 10 kg,精度为 10 g;

(4) 天平:称量为 1 kg,精度为 1 g;

(5) 方孔筛、垫棒、容器等。

2.11.2.3 试验方法及步骤

(1) 将风干试样筛除大于 19.0 mm 及小于 9.50 mm 的颗粒,并除去针、片状颗粒。

(2) 称取 3 份试样,每份 3 000 g(m_0),精确至 1 g。

(3) 试样分 2 层装入圆模,每装完一层试样的颗粒后,在底盘下垫 ϕ10 mm 垫棒,将筒按住,左右交替颠击地面各 25 次,平整模内试样表面,盖上压头。

(4) 将压碎值测定仪放在压力机上,按 1 kN/s 速度均匀地施加荷载至 200 kN,稳定 5 s 后卸载。

(5) 取出试样,用 2.36 mm 的筛筛除被压碎的细粒,称取筛余质量 m_1,精确至 1 g。

2.11.2.4 试验结果的计算与评定

(1) 按式(2-16)计算压碎指标值 Q_e,精确至 0.1%。

$$Q_e = (m_0 - m_1)/m_0 \qquad (2\text{-}16)$$

式中 Q_e——压碎指标值;

m_0——试样的质量,g;

m_1——压碎试验后筛余的试样质量,g。

(2) 压碎指标值的结果取 3 个平行试样试验结果的算术平均值,精确至 1%。

(3) 石子的压碎指标值要求见表 2-14。

表 2-14　石子的压碎指标值要求　　　　　　　　　　单位:%

项　目	Ⅰ类	Ⅱ类	Ⅲ类
碎石压碎指标	<10	<20	<30
卵石压碎指标	<12	<16	<16

第 3 章　掺合料性能试验

3.1　概述

对混凝土用粉煤灰、矿渣、石灰石粉进行试验,评定其质量,为混凝土配合比设计提供原材料参数。

试验依据:《轻集料及其试验方法 第 1 部分:轻集料》(GB/T 17431.1—2010)、《轻集料及其试验方法 第 2 部分:轻集料试验方法》(GB/T 17431.2—2010)、《用于水泥和混凝土中的粉煤灰》(GB/T 1596—2017)、《石灰石粉在混凝土中应用技术规程》(JGJ/T 318—2014)、《水工混凝土掺用石灰石粉技术规范》(DL/T 5304—2013)。

3.2　粉煤灰性能试验

3.2.1　细度

3.2.1.1　主要仪器设备

(1) 负压筛析仪。负压筛析仪主要由 45 μm 方孔筛、筛座、真空源和收尘器等组成,其中 45 μm 方孔筛内径为 150 mm,高度为 25 mm。

(2) 天平。量程不小于 50 g,最小分度值不大于 0.01 g。

3.2.1.2　试验步骤

(1) 将测试用粉煤灰样品置于温度为 105～110 ℃烘干箱内烘干至恒重,取出放在干燥器中冷却至室温。

(2) 称取试样约 10 g,精确至 0.01 g,倒入 45 μm 方孔筛筛网上,将筛子置于筛座上,盖上筛盖。

(3) 接通电源,将定时开关固定在 3 min,开始筛析。

(4) 开始工作后,观察负压表,使负压稳定在 4 000～6 000 Pa。若负压小于 4 000 Pa,则停机,清理收尘器中的积灰后再进行筛析。

(5) 在筛析过程中可用轻质木棒或硬橡胶棒轻轻敲打筛盖,以防吸附。

(6) 3 min 后筛析自动停止,停机后观察筛余物,如果出现颗粒成球、粘筛或者有细颗粒沉积在筛框边缘,用毛刷将细颗粒轻轻刷掉,将定时开关固定在手动位置,再筛析 1～3 min 直至筛分彻底为止,将筛网内的筛余物收集并称量,精确至 0.01 g。

3.2.1.3 结果计算

45 μm 方孔筛筛余按式(3-1)计算。

$$F = (G_1 / G) \times 100\%\qquad(3-1)$$

式中 F——45 μm 方孔筛筛余百分数;

G_1——筛余物的质量,g;

G——称取试样的质量,g。

3.2.2 比表面积

3.2.2.1 漏气检查

将透气筒上口用橡皮塞塞紧,接到压力计上。用抽气装置从压力计一臂抽出部分气体,然后关闭阀门观察是否漏气。如发现漏气,用活塞油脂加以密封。

3.2.2.2 试验层体积的测定

采用水银排代法测定:将两片滤纸沿圆筒壁放入圆筒内,用一直径比透气圆筒略小的细长棒往下按,直到滤纸平整放在金属的穿孔板上。然后装满水银,用一块薄玻璃板轻压水银表面,使水银面与圆筒口平齐,并须保证在玻璃板和水银表面之间没有气泡或孔洞存在。从圆筒中倒出水银,称量,精确至 0.05 g。重复几次测定,直至数值基本不变。然后从圆筒中取出一片滤纸,试用约 3.3 g 的水泥,要求压实矿粉层注。再在圆筒上部空间注入水银,同上述方法除去气泡、压平、倒出水银称量,重复几次,直至水银称量值相差小于 50 mg。

注:应制备坚实的矿粉层,如太松或矿粉不能压到要求体积时,应调整矿粉的试用量。

圆筒内试料层体积 V 按式(3-2)计算,精确至 0.005 cm³。

$$V = (P_1 - P_2)/\rho_{水银}\qquad(3-2)$$

式中 V——试料层体积,cm³;

P_1——未装粉煤灰时充满圆筒的水银质量,g;

P_2——装粉煤灰后充满圆筒的水银质量,g;

$\rho_{水银}$——试验温度下水银的密度,g/cm³。

试料层体积的测定至少进行 2 次。每次应单独压实,取 2 次数值的平均值(相差不超过0.005 cm³),并记录测定过程中圆筒附近的温度。每隔 1 个季度至半年重新校正试料层体积。

3.2.2.3 试验步骤

(1) 将在(110±5)℃下烘干并在干燥器中冷却至室温的标准试样倒入 100 mL 的密闭瓶内,用力摇动 2 min,将结块成团的试样振碎,使试样松散。静置 2 min 后打开瓶盖,轻轻搅拌,使松散过程中落到表面的细粉分布到整个试样中。

(2) 粉煤灰试样应先通过 0.9 mm 方孔筛,再在(110±5)℃下烘干,并在干燥器中冷却至室温。

(3) 校正试验用的标准试样量和被测定粉煤灰的质量,在制备的试料层中空隙率应达到 0.500±0.005。其计算式为:

$$W = \rho V (1 - \varepsilon)\qquad(3-3)$$

式中 W——需要的试样量,g;

ρ——试样密度,g/cm³;

V——测得的试料层体积,cm³;

ε——试料层的空隙率。

将穿孔板放在透气圆筒的突缘上,用一根直径比圆筒略小的细棒将一片滤纸送到穿孔板上,边缘压紧。称取按式(3-3)确定的矿粉量,精确至 0.001 g,倒入圆筒。轻敲圆筒的边,使矿粉层表面平坦。再放入一片滤纸,用捣器均匀捣实试料直至捣器的支持环紧紧接触圆筒顶边并旋转二周,慢慢取出捣器。

把装有试料层的透气圆筒连接到压力计上,要保证紧密连接不致漏气,并不振动所制备试料层。

打开微型电磁泵慢慢从压力计一臂中抽出空气,直到压力计内液面上升到扩大部下端时关闭阀门。当压力计内液体的凹月面下降到第一刻度线时开始计时,当液体的凹月面下降到第二条刻度线时停止计时,记录液面从第一条刻度线到第二条刻度线所需的时间。按秒记录,并记下试验时的温度。

3.2.2.4 数据处理

(1)当被测物料的密度、试料层中空隙率与标准试样相同且试验时温差小于等于 3 ℃时,比表面积按式(3-4)计算:

$$S = S_s T^{1/2} / T_s^{1/2} \tag{3-4}$$

如果试验时温差大于±3 ℃,则比表面积按式(3-5)计算。

$$S = S_s T^{1/2} \eta_s^{1/2} / (T_s^{1/2} \eta^{1/2}) \tag{3-5}$$

式中 S——被测试样的比表面积,cm²/g;

S_s——标准试样的比表面积,cm²/g:

T——被测试样试验时压力计中液面降落测得的时间,s;

T_s——标准试样试验时压力计中液面降落测得的时间,s;

η——被测试样试验温度时的空气黏度,Pa·s;

η_s——标准试样试验温度时的空气黏度,Pa·s。

(2)当被测试样的试料层中空隙率与标准试样试料层中空隙率不同且试验时温差小于或等于 3 ℃时,比表面积按式(3-6)计算。

$$S = [S_s T^{1/2} (1-\varepsilon_s)(\varepsilon^3)^{1/2}] / [T_s^{1/2} (1-\varepsilon)(\varepsilon_s^3)^{1/2}] \tag{3-6}$$

如果试验时温差大于±3 ℃,则其按式(3-7)计算。

$$S = [S_s T^{1/2} (1-\varepsilon_s)(\varepsilon^3)^{1/2} \eta_s^{1/2}] / [T_s^{1/2} (1-\varepsilon)(\varepsilon_s^3)^{1/2} \eta^{1/2}] \tag{3-7}$$

式中 ε——被测试样试料层中的空隙率;

ε_s——标准试样试料层中的空隙率。

(3)当被测试样的密度和空隙率均与标准试样不同且试验时温差小于或等于 3 ℃时,则比表面积按式(3-8)计算:

$$S = [S_s T^{1/2} (1-\varepsilon_s)(\varepsilon^3)^{1/2} \rho_s] / [T_s^{1/2} (1-\varepsilon)(\varepsilon_s^3)^{1/2} \rho] \tag{3-8}$$

如果试验时温差大于±3 ℃,则比表面积按式(3-9)计算。

$$S = [S_s T^{1/2} (1-\varepsilon_s)(\varepsilon^3)^{1/2} \rho_s \eta_s^{1/2}] / [T_s^{1/2} (1-\varepsilon)(\varepsilon_s^3)^{1/2} \rho \eta^{1/2}] \tag{3-9}$$

式中　ρ——被测试样的密度,g/cm³;

　　　ρ_s——标准试样的密度,g/cm³。

（4）粉煤灰比表面积应由二次透气试验结果的平均值确定。如果两次试验结果相差 2% 以上时,应重新试验。计算应精确至 10 cm²/g,10 cm²/g 以下的数值按四舍五入计。

（5）以 10 cm²/g 为单位算得的比表面积值换算为 m²/kg 时,需乘以系数 0.1。

3.2.3　需水量比

3.2.3.1　仪器设备

（1）天平。量程不小于 1 000 g,最小分度值不大于 1 g。

（2）搅拌机。符合《水泥胶砂强度检验方法（ISO 法）》（GB/T 17671—2021）规定的行星式水泥胶砂搅拌机。

（3）流动度跳桌。符合《水泥胶砂流动度测定方法》（GB/T 2419—2005）规定。

3.2.3.2　试验步骤

（1）胶砂配合比见表 3-1。

表 3-1　胶砂配合比

胶砂种类	水泥/g	粉煤灰/g	标准砂/g	加水量/mL
对比胶砂	250	—	750	125
试验胶砂	175	75	750	按流动度达到 130～140 mm 调整

（2）试验胶砂按《水泥胶砂强度检验方法（ISO 法）》（GB/T 17671—2021）规定进行搅拌。

（3）搅拌后的试验胶砂按《水泥胶砂流动度测定方法》（GB/T 2419—2005）测定流动度,当流动度在 130～140 mm 范围内时,记录此时的加水量;当流动度小于 130 mm 或大于 140 mm 时,重新调整加水量,直至流动度达到 130～140 mm。

3.2.3.3　结果计算

需水量比按式（3-10）计算。

$$X = (L_1/125) \times 100\% \tag{3-10}$$

式中　X——需水量比;

　　　L_1——试验胶砂流动度达到 130～140 mm 时的加水量,mL;

　　　G——对比胶砂的加水量,mL。

3.2.4　含水率

3.2.4.1　仪器设备

（1）烘干箱。可控制温度不低于 110 ℃,最小分度值不大于 2 ℃。

（2）天平。量程不小于 50 g,最小分度值不大于 0.01 g。

3.2.4.2　试验步骤

（1）称取粉煤灰试样约 50 g（精确至 0.01 g）,倒入蒸发皿。

(2) 将烘干箱温度控制在 $105 \sim 110$ ℃。

(3) 将粉煤灰试样放入烘干箱内烘干至恒重,取出放在干燥器中冷却至室温后称量,精确至 0.01 g。

3.2.4.3 结果计算

含水率按式(3-11)计算。

$$w = (m_1 - m_0/m_1) \times 100\%$$ (3-11)

式中 w ——含水率;

m_1 ——烘干前试样的质量,g;

m_0 ——烘干后试样的质量,g。

3.2.5 活性指数

3.2.5.1 仪器设备

天平、搅拌机、振实台或振动台、抗压强度试验机等均应符合《水泥胶砂强度检验方法(ISO法)》(GB/T 17671—2021)规定。

3.2.5.2 试验步骤

(1) 胶砂配合比见表 3-2。

表 3-2 胶砂配合比

胶砂种类	水泥/g	粉煤灰/g	标准砂/g	加水量/mL
对比胶砂	450	—	1 350	225
试验胶砂	315	135	1 350	225

(2) 试件养护 28 d,按《水泥胶砂强度检验方法(ISO法)》(GB/T 17671—2021)规定分别测定对比胶砂和试验胶砂的抗压强度。

3.2.5.3 结果计算

活性指数按式(3-12)计算。

$$A = (R/R_0) \times 100\%$$ (3-12)

式中 A ——活性指数;

R ——试验胶砂 28 d 抗压强度,MPa;

R_0 ——对比胶砂 28 d 抗压强度,MPa。

注:对比胶砂 28 d 抗压强度也可取 GSB 14-1510 强度检验用水泥标准样品给出的标准值。

3.3 矿渣性能试验

矿渣粉细度、比表面积测试方法同粉煤灰。下面主要介绍矿渣粉活性指数、烧失量、流动度和初凝时间的测试方法。

3.3.1　活性指数

3.3.1.1　仪器设备

天平、搅拌机、振实台或振动台、抗压强度试验机等均应符合《水泥胶砂强度检验方法（ISO 法）》（GB/T 17671—2021）规定。

3.3.1.2　试验步骤

（1）胶砂配合比见表 3-3。

表 3-3　胶砂配合比

胶砂种类	水泥/g	矿渣粉/g	标准砂/g	加水量/mL
对比胶砂	450	—	1 350	225
试验胶砂	225	225	1 350	225

（2）试件养护至 28 d，按《水泥胶砂强度检验方法（ISO 法）》（GB/T 17671—2021）规定分别测定对比胶砂和试验胶砂的抗压强度。

3.3.1.3　结果计算

活性指数按式（3-13）计算。

$$A = (R/R_0) \times 100\% \tag{3-13}$$

式中　A——活性指数；

R——试验胶砂 28 d 抗压强度，MPa；

R_0——对比胶砂 28 d 抗压强度，MPa。

3.3.2　烧失量

试样在（750±50）℃的马弗炉中灼烧，驱除水分和二氧化碳，同时将存在的易氧化元素氧化。由硫化物的氧化引起的烧失量误差必须进行校正，而其他元素的存在引起的误差一般可忽略不计。

3.3.2.1　试验步骤

称取约 1 g 试样（m_1），精确至 0.001 g，置于已灼烧恒重的瓷坩埚中，将盖斜置于坩埚上，放在马弗炉内从低温开始逐渐升高温度，在（750±50）℃灼烧 15 min，取出坩埚置于干燥器中，冷却至室温，称重。反复灼烧，直至恒重。

3.3.2.2　结果计算

烧失量的质量百分数 X_{LO1} 按式（3-14）计算。

$$X_{LO1} = (m_1 - m_2)/m_1 \times 100\% \tag{3-14}$$

式中　m_1——试料的质量，g；

m_2——灼烧后试料的质量，g；

X_{LO1}——烧失量的质量百分数。

同一个实验室允许差 0.15%。

3.3.3 流动度

按《水泥胶砂流动度测定方法》(GB/T 2419—2005)进行对比胶砂和试验胶砂的流动度试验。矿渣粉流动度比按式(3-15)计算,计算结果保留至整数。

$$F = (L/L_m) \times 100\% \tag{3-15}$$

式中　F——矿渣粉流动度比;

　　　L——试验胶砂流动度,mm;

　　　L_m——对比胶砂流动度,mm。

3.3.4 初凝时间

(1) 水泥净浆配合比

水泥净浆配合比见表 3-4。

表 3-4　水泥净浆配合比

水泥净浆种类	水泥/g	矿渣粉/g	加水量/mL
对比净浆	500	—	标准稠度用水量
试验净浆	250	250	标准稠度用水量

(2) 水泥净浆初凝时间试验

按《水泥标准稠度用水量、凝结时间、安定性检验方法》(GB/T 1346—2011)进行对比净浆和试验净浆初凝时间的测定。

(3) 水泥净浆初凝时间比计算

矿渣粉初凝时间比按式(3-16)计算,计算结果保留至整数。

$$T = (I/I_m) \times 100\% \tag{3-16}$$

式中　T——矿渣粉初凝时间比;

　　　I——试验净浆初凝时间,min;

　　　I_m——对比净浆初凝时间,min。

3.4　石灰石粉性能试验

石灰石粉检验项目包括碳酸钙含量、细度、活性指数、流动度比、含水率和亚甲蓝值。其中,细度、活性指数、流动度比及含水率测试方法和计算公式同粉煤灰和矿渣粉。下面主要介绍亚甲蓝值测定方法。

3.4.1 试验仪器

(1) 烘箱:温度控制在(105±5)℃;

(2) 天平:配备2台,其称量分别为1 000 g 和 100 g,感量分别为 0.1 g 和 0.01 g;

(3) 移液管:配备2个移液管,容量应分别为 5 mL 和 2 mL;

(4) 搅拌器:三片或四片式转速可调的叶轮搅拌器,最高转速应达到(600±60) r/min,

直径应为(75±10) mm;

　　(5) 定时装置:定时装置的精度为 1 s;

　　(6) 玻璃容量瓶:玻璃容量瓶的容量为 1 L;

　　(7) 温度计:温度计的精度为 1 ℃;

　　(8) 玻璃棒:配备 2 支玻璃棒,直径为 8 mm,长度为 300 mm;

　　(9) 滤纸:快速定量滤纸;

　　(10) 烧杯:容量为 1 000 mL。

3.4.2　材料准备

　　(1) 石灰石粉的样品应缩分至 200 g,并在烘箱中于(105±5) ℃下烘干至恒重,冷却至室温。

　　(2) 采用粒径为 0.5～1.0 mm 的标准砂。

　　(3) 分别称取 50 g 石灰石粉和 150 g 标准砂,称量精确至 0.1 g。石灰石粉和标准砂应混合均匀,作为试样备用。

　　(4) 亚甲蓝溶液按下列步骤配制:

　　① 亚甲蓝的含量不应小于 95%,样品粉末应在(105±5) ℃下烘干至恒重,称取烘干亚甲蓝粉末 10 g,称量应精确至 0.01 g。

　　② 在烧杯中注入 600 mL 蒸馏水,并加热至 35～40 ℃。将亚甲蓝粉末倒入烧杯,用搅拌器持续搅拌 40 min,直至亚甲蓝粉末完全溶解,并冷却至 20 ℃。

　　③ 将溶液倒入 1 L 容量瓶,用蒸馏水淋洗烧杯等,使所有亚甲蓝溶液全部移入容量瓶,容量瓶和溶液的温度应保持在(20±1) ℃,加蒸馏水至容量瓶 1 L 刻度。振荡容量瓶以保证亚甲蓝粉末完全溶解。

　　④ 将容量瓶中的溶液移入深色储藏瓶,置于阴暗处保存。应在瓶上标明制备日期和失效日期。

3.4.3　试验步骤

　　(1) 将试样倒入盛有(500±5) mL 蒸馏水的烧杯,用叶轮搅拌机以(600±60) r/min 转速搅拌 5 min,形成悬浮液,然后以(400±40) r/min 转速持续搅拌,直至试验结束。

　　(2) 在悬浮液中加入 5 mL 亚甲蓝溶液,用叶轮搅拌机以(400±40) r/min 转速搅拌至少 1 min 后,用玻璃棒蘸取一滴悬浮液,滴于滤纸上。所取悬浮液滴在滤纸上形成的沉淀物直径应为 8～12 mm。滤纸应置于空烧杯或其他合适的支撑物上,滤纸表面不得与任何固体或液体接触。当滤纸上的沉淀物周围未出现色晕,应再加入 5 mL 亚甲蓝溶液,继续搅拌 1 min,再用玻璃棒蘸取一滴悬浮液,滴于滤纸上。当沉淀物周围仍未出现色晕,应重复上述步骤,直至沉淀物周围出现约 1 mm 宽的稳定浅蓝色晕。

　　(3) 应继续搅拌,不再加入亚甲蓝溶液,每 1 min 进行 1 次蘸染试验。当色晕在 4 min 内消失,再加入 5 mL 亚甲蓝溶液;当色晕在第 5 min 消失,再加入 2 mL 亚甲蓝溶液。在上述两种情况下,均应继续进行搅拌和蘸染试验,直至色晕可以持续 5 min。

　　(4) 当色晕可以持续 5 min 时,应记录所加入的亚甲蓝溶液总体积,数值应精确至 1 mL。

3.4.4 结果处理

石灰石粉的亚甲蓝值应按式(3-17)计算。

$$MB = \frac{V \times 10 \times 0.25}{G}$$

(3-17)

式中　MB——石灰石粉的亚甲蓝值,g/kg,精确至 0.01;

　　　G——试样质量,g;

　　　V——所加入的亚甲蓝溶液的总量,mL;

　　　10——用于将每千克样品消耗的亚甲蓝溶液体积换算成亚甲蓝质量的系数;

　　　0.25——换算系数。

第4章　混凝土拌合物试验

4.1　概述

通过普通混凝土拌合物和易性试验检验所设计的初步配合比是否符合施工要求和技术要求。通过普通混凝土立方体抗压强度试验和混凝土强度非破损检测试验核对混凝土强度是否满足设计要求。

试验依据:《普通混凝土配合比设计规程》(JGJ 55—2011)、《普通混凝土拌合物性能试验方法标准》(GB/T 50080—2016)、《混凝土物理力学性能试验方法标准》(GB/T 50081—2019)。

4.1.1　一般规定

(1) 拌制混凝土环境条件:室内的温度应保持在(20±5) ℃,所用材料的温度应与实验室温度保持一致。当需要模拟施工条件下所用的混凝土时,所用原材料的温度应与施工现场保持一致,且搅拌方式宜与施工条件相同。

(2) 砂石材料:若采用干燥状态的砂石,则砂的含水率应小于0.5%,石的含水率应小于0.2%。若采用饱和面干状态的砂石,应进行相应修正。

(3) 搅拌机最小搅拌量:当骨料最大粒径小于31.5 mm 时,拌制量为15 L,最大粒径为40 mm 时为25 L。采用机械搅拌时,搅拌量不应小于搅拌机额定搅拌容量的1/4。

(4) 原材料的称量精度:骨料为±1%,水、水泥、外加剂为±0.5%。

(5) 从试样制备完成到开始进行拌合物各项性能试验不宜超过5 min。

4.1.2　拌和方法

无论是人工拌和或机械拌和,试验要求从开始加水时算起,至完成坍落度测定或试件成型,全部操作必须在30 min 内完成。

4.1.2.1　人工拌和

(1) 按实验室配合比备料,称取各材料用量。

(2) 将拌板和拌铲用湿布润湿后,将砂倒在拌板上,加入水泥,用拌铲翻拌,反复翻拌混合至颜色均匀,再放入称好的粗骨料与之拌和,继续翻拌,直至混合均匀。

(3) 将干混合物堆成长条锥形,在中间位置开一凹槽,倒入称量好的一半水,然后翻拌并徐徐加入剩余的水,边翻拌边用铲在混合料上铲切,直至混合物均匀,没有色差。

(4) 拌和过程力求动作敏捷,拌和时间控制如下:① 拌合物体积为30 L 以下时为4~5 min;② 拌合物体积为30~50 L 时为5~9 min;③ 拌合物体积为51~75 L 时为9~

12 min。

4.1.2.2 机械搅拌法

（1）按实验室配合比备料，称取各材料用量。

（2）拌前宜先用配合比要求的水泥、砂和水及少量石子，在搅拌机中涮膛，倒去多余砂浆。防止正式拌和时水泥浆挂失影响混凝土性能的测试。

（3）将称好的石子、水泥、砂按顺序倒入搅拌机内，开启搅拌机进行干拌。时间可控制在 1 min 左右。

（4）边拌和边将水徐徐倒入，加水时间约为 20 s。

（5）加水完成后继续拌和 2 min。

（6）将拌合物从搅拌机中卸出，倾倒在拌板上，再人工拌和 2～3 次。

4.1.2.3 特殊要求搅拌方法

当对混凝土搅拌有特殊要求时，应遵循相关的规定。如果由于材料的特殊性，可能要求搅拌时间延长或缩短，进行掺外加剂混凝土性能试验时要求使用自落式搅拌机等。

4.2 坍落度试验及坍落度经时损失试验

4.2.1 坍落度试验

本试验方法宜用于测定骨料最大公称粒径不大于 40 mm、坍落度不小于 10 mm 的混凝土拌合物坍落度。

4.2.1.1 试验依据

试验依据:《普通混凝土拌合物性能试验方法标准》(GB/T 50080—2016)、《混凝土坍落度仪》(JG/T 248—2009)。

4.2.1.2 主要仪器设备

（1）坍落度筒、捣棒:如图 4-1 所示。

（2）小铲、钢尺(量程不应小于 300 mm，分度值不应大于 1 mm)、喂料斗等。

（3）底板应采用平面尺寸不小于 1 500 mm×1 500 mm、厚度不小于 3 mm 的钢板，其最大挠度不应大于 3 mm。

4.2.1.3 试样的制备

（1）在实验室制备混凝土拌合物时，拌和时实验室内的温度应保持在(20±5) ℃，所用材料的温度应与实验室温度保持一致。

（2）实验室拌和混凝土时，材料用量应以质量计，称量精度:集料为±1%;水、水泥掺合料、外加剂均为±0.5%。

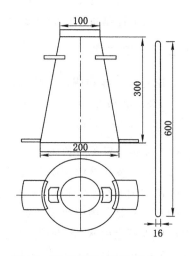

图 4-1　坍落度筒、捣棒(单位:mm)

（3）混凝土拌合物的制备应符合《普通混凝土配合比设计规程》（JGJ 55—2011）中的有关规定。

（4）从试样制备完毕到开始进行各项性能试验不宜超过 5 min。

4.2.1.4　试验方法及步骤

（1）润湿坍落度筒及其他用具，并将坍落度筒放在不吸水的刚性水平底版上，然后用脚踩住两边的脚踏板，使坍落度筒在装料时保持位置固定。

（2）将按要求取得的混凝土试样用小铲分 3 次均匀装入坍落度筒内，使捣实后每层高度为筒高的 1/3 左右。每层插捣 25 次，插捣应沿螺旋方向由外向中心进行，各次插捣应在截面上均匀分布。插捣筒边混凝土时，捣棒可以稍稍倾斜，插捣底层时捣棒应该贯穿整个深度，插捣第 2 层和顶层时，捣棒应插透本层至下一层的表面。浇灌顶层时，混凝土应灌至高出筒口。插捣过程中，如果混凝土下沉低于筒口，应随时添加。顶层插捣完毕，刮去多余的混凝土并用抹刀抹平。

（3）清除筒边混凝土后，垂直提起坍落度筒。提离过程应该在 3～7 s 内完成。从开始装料到提起坍落度筒的整个过程应不间断进行，并应在 150 s 内完成。

（4）提起坍落度筒后，测量筒高与坍落后混凝土试件最高点之间的高差，即混凝土拌合物的坍落度值（以 mm 为单位，精确至 5 mm）。

（5）坍落度筒提离后，如果试件发生崩坍或一边剪切破坏，则应重新取样进行测定。如果仍出现这种现象，则表示该混凝土和易性不好，应予记录备查。

4.2.1.5　试验结果评定

坍落度筒提起后，如果拌合物发生崩塌或一边剪切破坏，则应重新取样测定，如果仍出现上述现象，则该混凝土拌合物和易性不好，并应记录。

混凝土拌合物坍落度值应精确至 1 mm，结果应修约至 5 mm。

4.2.1.6　坍落度调整

① 在按初步配合比备好试拌材料的同时，另需备好两份调整坍落度用的水泥与水，水灰比应与原水灰比相同，其数量为拌和用量的 5% 或 10%。

② 当测得拌合物的坍落度低于要求数值，或黏聚性、保水性认为不满意时，可掺入备用的 5% 或 10% 的水泥和水；当坍落度过大时，可酌情增加砂和石的用量（一般砂率不变），尽快拌和，重新测定坍落度值。

4.2.2　坍落度经时损失试验

本试验方法可用于测定混凝土拌合物的坍落度随静置时间的变化。试验方法及步骤如下：

（1）应测量出机时的混凝土拌合物的初始坍落度值 H_0。

（2）将全部混凝土拌合物试样装入塑料桶或不被水泥浆腐蚀的金属桶内，应用桶盖或塑料薄膜密封静置。

（3）自搅拌加水开始计时，静置 60 min 后将桶内混凝土拌合物试样全部倒入搅拌机内，搅拌 20 s，进行坍落度试验，得出 60 min 坍落度值 H_{60}。

（4）计算初始坍落度值与 60 min 坍落度值的差值，可得到 60 min 混凝土坍落度经时损失试验结果。

（5）当工程要求调整静置时间时，则应按实际静置时间测定并计算混凝土坍落度经时损失。

4.3　扩展度试验及扩展度经时损失试验

本试验方法宜用于测定骨料最大公称粒径不大于 40 mm、坍落度不小于 160 mm 的混凝土扩展度。

4.3.1　试验依据

试验依据：《普通混凝土拌合物性能试验方法标准》（GB/T 50080—2016）、《混凝土坍落度仪》（JG/T 248—2009）。

4.3.2　主要仪器设备

（1）坍落度筒、捣棒：如图 4-1 所示。

（2）小铲、钢尺（量程不应小于 1 000 mm，分度值不应大于 1 mm）、喂料斗等。

（3）底板应采用平面尺寸不小于 1 500 mm×1 500 mm、厚度不小于 3 mm 的钢板，其最大挠度不应大于 3 mm。

4.3.3　试验方法及步骤

（1）润湿坍落度筒及其他用具，并将坍落度筒放在不吸水的刚性水平底板上，然后用脚踩住两边的脚踏板，使坍落度筒在装料时保持位置固定。

（2）把按要求取得的混凝土试样用小铲分 3 次均匀装入坍落度筒内，使捣实后每层高度为筒高的 1/3 左右。每层插捣 25 次，插捣应沿螺旋方向由外向中心进行，各次插捣应在截面上均匀分布。插捣筒边混凝土时，捣棒可以稍稍倾斜；插捣底层时，捣棒应该贯穿整个深度；插捣第二层和顶层时，捣棒应插透本层至下一层的表面。浇灌顶层时，混凝土应灌至高出筒口。插捣过程中，如果混凝土下沉低于筒口，应随时添加。顶层插捣完毕，刮去多余的混凝土并用抹刀抹平。

（3）清除筒边混凝土后，垂直提起坍落度筒。提离过程应该在 3～7 s 内完成。当混凝土拌合物不再扩散或扩散持续时间已达 50 s 时，应使用钢尺测量混凝土拌合物展开的扩展面的最大直径以及与最大直径方向垂直的直径。

（4）当两个直径之差小于 50 mm 时，应取其算术平均值作为扩展度试验结果；当两个直径之差不小于 50 mm 时，应重新取样测定。

（5）发现粗骨料在中央堆集或边缘有浆体析出时，应记录说明。

4.3.4　试验结果评定

扩展度试验从开始装料到测得混凝土扩展度值的整个过程应持续进行，并应在 4 min 内完成。混凝土拌合物扩展度值测量应精确至 1 mm，结果修约至 5 mm。

4.4 黏聚性和保水性试验

（1）黏聚性

用捣棒在已坍落的拌合物锥体侧面轻轻敲打，如果锥体逐渐下沉，表示黏聚性良好，如果锥体倒塌、部分崩裂或出现离析现象，则表示黏聚性不好。

（2）保水性

坍落度筒提起后，如果无稀浆或仅有少量稀浆自底部析出，表明拌合物保水性良好。

坍落度筒提起后，如果有较多的稀浆从底部析出，锥体部分的拌合物也因失浆而骨料外露，则表明保水性不好。

4.5 维勃稠度试验

维勃稠度法适用于测定干硬性混凝土，骨料最大粒径不超过 40 mm，维勃稠度值为 5～30 s 的混凝土拌合物稠度。

4.5.1 试验依据

试验依据：《普通混凝土拌合物性能试验方法标准》（GB/T 50080—2016）和《维勃稠度仪》（JG/T 250—2009）。

4.5.2 主要仪器设备

（1）维勃稠度仪：如图 4-2 所示。

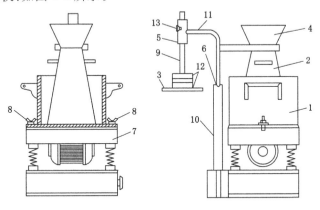

1—容器；2—坍落度筒；3—圆盘；4—漏斗；5—套筒；6—定位器；7—振动台；8—固定螺丝；
9—滑杆；10—支柱；11—旋转架；12—砝码；13—测杆螺丝。

图 4-2 维勃稠度仪

（2）捣棒、小铲、秒表（精度不应低于 0.1 s）等。

4.5.3 试验方法及步骤

① 用湿布将容器、坍落度筒、喂料斗内壁及其他用具润湿。

② 喂料斗应提到坍落度筒上方扣紧,校正容器位置,应使其中心与喂料斗中心重合,然后拧紧固定螺钉。

③ 混凝土拌合物试样应分 3 层均匀装入坍落度筒,捣实后每层高度应约为筒高的三分之一。每装一层,应用捣棒在筒内由边缘到中心按螺旋形均匀插捣 25 次;插捣底层时,捣棒应贯穿整个深度;插捣第二层和顶层时,捣棒应插透本层至下一层的表面;顶层混凝土装料应高出筒口。插捣过程中,混凝土低于筒口时应随时添加。

④ 顶层插捣完成后应将喂料斗转移,沿坍落度筒口刮平顶面,垂直提起坍落度筒,不应使混凝土拌合物试样产生横向扭动。

⑤ 将透明圆盘转到混凝土圆台体顶面,放松测杆螺钉,应使透明圆盘转至混凝土锥体上部,并下降至与混凝土顶面接触。

⑥ 开启振动台和秒表,在振动到透明圆盘的底面被水泥浆布满的瞬间停止计时,关闭振动台。

4.5.4 试验结果确定

记录秒表的时间,精确至 1 s,即混凝土拌合物的维勃稠度值。

4.6 表观密度试验

通过表观密度试验,可以确定 1 m³ 混凝土各项材料的实际用量,避免在工程应用中出现亏方或盈方,也为混凝土配合比调整提供依据。《普通混凝土配合比设计规程》(JGJ 55—2011)中明确规定:当表观密度实测值和计算值之差超过 2% 时,应对配合比中各项材料的用量进行修正。

4.6.1 试验依据

试验依据:《普通混凝土拌合物性能试验方法标准》(GB/T 50080—2016)、《混凝土试验用振动台》(JG/T 245—2009)、《混凝土坍落度仪》(JG/T 248—2009)。

4.6.2 主要仪器设备

(1)容量筒:金属制成的圆筒,筒外壁应有提手。骨料最大粒径不大于 40 mm 时为 5 L,筒壁厚不应小于 3 mm;骨料最大粒径大于 40 mm 时,高度和直径应大于最大粒径的 4 倍;容量筒上沿及内壁应光滑平整,顶面与底面应平行并应与圆柱体的轴垂直。

(2)电子天平的最大量程应为 50 kg,感量不应大于 10 g。

(3)小铲、捣棒、振动台等。

4.6.3 试验方法及步骤

(1)标定容量筒容积。

① 称取玻璃板和容量筒的质量 m_0,玻璃板能覆盖容量筒的顶面。

② 向容量筒注入清水,至略高出筒口。

③ 用玻璃板从一侧徐徐平推,盖住筒口,玻璃板下应不带气泡。

④ 擦净外侧水分，称取玻璃板、筒及水的质量 m_1。

（2）用湿布将容量筒内外擦干，称取容量筒的质量 m_2。

（3）坍落度小于 70 mm、容量筒体积为 5 L 时，拌合物分两层装入，每层由边缘向中心均匀插捣 25 次，并贯穿该层，每层插捣完成后用橡皮锤在筒外壁敲打 5～10 次。振动台振实时，拌合物一次加至略高出筒口，振动过程中混凝土下沉低于筒口时应随时添加。

（4）完成后刮去多余混凝土，并用抹刀抹平。

（5）称取拌合物和筒的质量 m_3。

4.6.4　试验结果的计算

按式(4-1)计算混凝土拌合物的表观密度，精确至 10 kg/m³。

$$\rho = (m_3 - m_2)/(m_1 - m_0) \tag{4-1}$$

4.7　混凝土收缩试验

用于测定早龄期混凝土的自由收缩变形，也可用于测定无约束状态下混凝土自收缩变形。

4.7.1　试验依据

试验依据：《普通混凝土长期性能和耐久性能试验方法标准》(GB/T 50082—2009)。

4.7.2　非接触法测试混凝土收缩性能

4.7.2.1　主要仪器设备

本试验采用非接触法测定混凝土早期自收缩变形。试验测定装置由非接触式收缩变形测定仪主机、位移传感器等组成，如图 4-3 所示。测试原理为通过测试过程中测头与反射靶之间相对位置的改变来反映混凝土长轴方向上的收缩变形。该方法的优点是带模测试，方便测试混凝土早龄期的变形，同时可以自动采集和处理数据，实时测试。

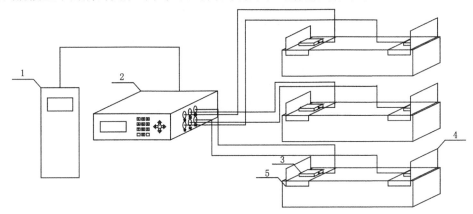

1—电脑主机；2—非接触式收缩变形测定仪主机；3—位移传感器探头；4—标靶；5—感应探头固定装置。

图 4-3　非接触式混凝土收缩变形测定仪示意图

4.7.2.2 试件制作

混凝土自收缩试件为棱柱体,尺寸为 100 mm×100 mm×515 mm,每组 3 块。试件的制作和养护按照《普通混凝土力学性能试验方法标准》(GB/T 50081—2019)中的有关规定进行。

4.7.2.3 试验步骤

参照《普通混凝土长期性能和耐久性能试验方法标准》(GB/T 50082—2009)进行试验。具体步骤如下:

(1)试验前先打开材料实验室的空调,使室内温度保持在(20±2)℃,同时保持相对湿度在(60±5)%。

(2)试模准备完成后,在试模内表面涂刷润滑油,然后在试模底部和侧面铺设 2 层塑料薄膜,每铺设一层都均匀地涂刷润滑油。使混凝土能够自由变形,不受试模约束。

(3)将标靶安放在试模两端,用固定杆将两端标靶固定,使标靶间的距离为固定杆长,如图 4-4 所示。标靶侧向位置应居中,标靶平面与收缩测量方向保持垂直。

(4)将混凝土拌合物铲进试模中,放在振动台上振捣密实并将表面抹平。

(5)当试件振动成型后检查标靶的测量面与收缩位移测量方向是否垂直,保证标靶无明显倾斜、偏移。然后取下固定杆,使固定杆与标靶分离。

(6)将试件上表面覆盖塑料薄膜,防止试件与外界湿交换。然后将试件移入温度为(20±2)℃,相对湿度为(60±5)%的恒温恒湿室。

(7)将传感器测头固定在试模上,保证测头对准反射靶中心;打开收缩变形测定仪,微调传感器测头位置,使其与被测标靶之间的距离处于适合测试的最佳范围内。

(8)安装完全部传感器后,逐一检查确认位移传感器的编号,开始试验,设定采样时间为 2 min 1 次,直至 72 h。

图 4-4 标靶固定图

4.7.2.4 试验结果处理

(1)按式(4-2)计算混凝土自收缩率。

$$\varepsilon_{st} = \frac{(L_{10} - L_{1t}) + (L_{20} - L_{2t})}{L_b} \tag{4-2}$$

式中　ε_{st}——试验期为 t 的混凝土收缩率，t 从混凝土初凝时算起；

　　　L_{10}——左侧非接触法位移传感器初始读数，mm；

　　　L_{1t}——左侧非接触法位移传感器测试期为 t 的读数，mm；

　　　L_{20}——右侧非接触法位移传感器初始读数，mm；

　　　L_{2t}——右侧非接触法位移传感器测试期为 t 的读数，mm；

　　　L_b——试件测量标距，等于试件长度减去试件中两个反射靶沿试件长度方向埋入试件中的长度之和，mm。

（2）该组混凝土试件的自收缩率为所测得 3 个试件自收缩率算术平均值。

4.7.3　接触法测试混凝土收缩性能

本方法适用于测定在无约束和规定的温、湿度条件下硬化混凝土试件的收缩性能。

4.7.3.1　主要仪器设备

采用卧式混凝土收缩仪时，试件两端应预埋测头或留有埋设测头的凹槽。卧式收缩试验用测头（图 4-5）应由不锈钢或其他不锈的材料制成。

采用立式混凝土收缩仪时，试件一端中心应预埋测头（图 4-6）。立式收缩试验用测头的另外一端宜采用 M20 mm×35 mm 的螺栓（螺纹通长），并应与立式混凝土收缩仪底座固定。螺栓和测头都应预埋进去。

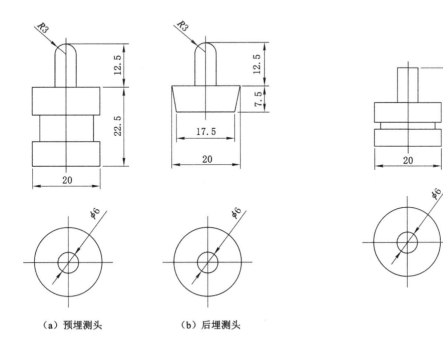

（a）预埋测头　　　　（b）后埋测头

图 4-5　卧式收缩试验用测头（单位：mm）　　　　图 4-6　立式收缩试验用测头（单位：mm）

采用接触法引伸仪时,所用试件的长度应至少比仪器的测量标距长一个截面边长。测头应粘贴在试件两侧面的轴线上。

4.7.3.2　试件制作

本试验采用尺寸为 100 mm×100 mm×515 mm 的棱柱体试件,每组 3 个。

4.7.3.3　试验步骤

(1) 收缩试验应在恒温恒湿环境中进行,室温应保持在(20±2) ℃,相对湿度应保持在(60±5)%。试件应放置在不吸水的搁架上,底面应架空,每个试件之间的间隙应大于 30 mm。

(2) 测定代表某一混凝土收缩性能的特征值时,试件应在 3 d 龄期时(从混凝土搅拌加水时算起)从标准养护室取出,并应立即移入恒温恒湿室测定其初始长度,此后应至少按下列规定的时间间隔测量其变形读数:1 d、3 d、7 d、14 d、28 d、45 d、60 d、90 d、120 d、150 d、180 d、360 d(从移入恒温恒湿室内起计时)。

(3) 测定混凝土在某一具体条件下的相对收缩值时(包括在徐变试验时的混凝土收缩变形测定)应按要求的条件进行试验。对非标准养护试件,当需要移入恒温恒湿室进行试验时,应先在该室内预置 4 h,再测其初始值。测量时应记下试件的初始干湿状态。

(4) 收缩测量前应先用标准杆校正仪表的零点,并应在测定过程中至少再复核 1～2 次,其中一次在全部试件测读完之后进行。当复核时发现零点与原值的偏差超过±0.001 mm 时,应调零后重新测量。

(5) 试件每次在卧式收缩仪上放置的位置和方向均应保持一致。试件上应标明相应的方向记号。试件在放置和取出时应轻稳仔细,不得碰撞表架和表杆。当发生碰撞时,应取下试件,并重新以标准杆复核零点。

(6) 采用立式混凝土收缩仪时,整套测试装置应放在不易受外部振动影响的地方。读数时宜轻敲仪表或者上下轻轻滑动测头。安装立式混凝土收缩仪的测试台应有减振装置。

(7) 用接触法引伸仪测量时,应使每次测量时试件与仪表保持相对固定的位置和方向。每次读数应重复 3 次。

4.7.3.4　试验结果处理

混凝土收缩率按式(4-3)计算。

$$\varepsilon_{st} = (L_0 - L_t)/L_b \tag{4-3}$$

式中　ε_{st}——试验期为 t(d)的混凝土收缩率,t 从测定初始长度时算起。

　　　L_b——试件的测量标距,mm。用混凝土收缩仪测量时应等于两测头内侧的距离,即等于混凝土试件长度(不计测头凸出部分)减去两个测头埋入深度之和。采用接触法引伸仪时,即仪器的测量标距。

　　　L_0——试件长度的初始读数,mm。

　　　L_t——试件在试验期为 t(d)时测得的长度读数,mm。

第 5 章　混凝土力学性能试验

5.1　概述

混凝土强度包括立方体抗压强度、轴心抗压强度、劈裂抗拉强度、抗折强度和抗拉强度、静力弹性模量等。通过混凝土强度试验,可考察各强度之间的相关性,确定强度是否达到设计要求。

5.2　混凝土立方体抗压强度试验

5.2.1　试验依据

试验依据:《混凝土物理力学性能试验方法标准》(GB/T 50081—2019)、《液压式万能试验机》(GB/T 3159—2008)、《试验机 通用技术要求》(GB/T 2611—2007)。

5.2.2　主要仪器设备

(1) 压力试验机:精度为 1%,试件破坏荷载宜大于压力机全量程的 20% 且宜小于压力机全量程的 80%,应具有加载速度指示装置或加载速度控制装置,并应能均匀、连续地加载。试验机上、下承压板的平面度公差不应大于 0.04 mm;平行度公差不应大于 0.05 mm;表面硬度不应小于 55HRC;板面应光滑、平整,表面粗糙度 Ra 不应大于 0.80 μm,球座应转动灵活;球座宜置于试件顶面,并且凸面朝上。

(2) 钢直尺、毛刷等。

5.2.3　试验步骤

(1) 试件的制作要求

试件的制作符合下列规定:

① 每一组试件所用的混凝土拌合物应由同一次拌和成的拌合物中取出。

② 制作前,应将试模洗干净并将试模的内表面涂以一薄层矿物油脂或其他不与混凝土发生反应的脱模剂。

③ 在实验室拌制混凝土时,其材料用量应以质量计,称量的精度:水泥、掺合料、水和外加剂为 ±0.5%;骨料为 ±1%。

④ 取样或实验室拌制的混凝土应在拌制后尽量短的时间内成型,一般不宜超过 15 min。

⑤ 根据混凝土拌合物的稠度确定混凝土成型方法,坍落度不大于 70 mm 的混凝土宜

振实;大于 70 mm 的宜用捣棒人工捣实;检验现浇混凝土或预制构件的混凝土,试件成型方法宜与实际采用的方法相同。

(2)试件制作步骤

① 取样或拌制好的混凝土拌合物应至少用铁锹再来回拌和 3 次。

② 用振动台拌实制作试件应按下述方法进行:将混凝土拌合物一次装入试模,装料时应用抹刀沿各试模壁插捣,并使混凝土拌合物高出试模口。试模应附着或固定在振动台上,振动时试模不得有任何跳动,振动应持续到表面出浆为止,不得过振。

③ 用人工插捣制作试件应按下述方法进行:混凝土拌合物应分两层装入试模,每层的装料厚度大致相等;插捣应按螺旋方向从边缘向中心匀速进行。在插捣底层混凝土时,捣棒应达到试模底面;插捣上层时,捣棒应贯穿上层后插入下层 20～30 mm。插捣时捣棒应保持垂直,不得倾斜。然后应用抹刀沿试模内壁插拔数次;每层插捣次数按在 10 000 mm² 面积内不得少于 12 次;插捣后应用橡皮锤轻轻敲击试模四周,直至插捣棒留下的空洞消失。

④ 用插入式捣棒振实制作试件应按下述方法进行:将混凝土拌合物一次装入试模,装料时应用抹刀沿各试模壁插捣,并使混凝土拌合物高出试模口;宜用直径为 25 mm 的插入式振捣棒,插入试模振捣时,振捣棒距试模底板 10～20 mm 且不得触及试模底板,振动应持续到表面出浆为止,且避免过振,以防止混凝土离析;一般振捣时间为 20 s。振捣棒拔出时要缓慢,拔出后不得留有孔洞。

⑤ 刮除试模上口多余的混凝土,待混凝土临近初凝时,用抹刀抹平。

(3)试件的养护

① 试件成型后应立即用不透水的薄膜覆盖表面。

② 采用标准养护的试件,应在温度为(20±5)℃的环境下静置一昼夜至两昼夜,然后编号、拆模。拆模后应立即放入温度为(20±2)℃、相对湿度为95%以上的标准养护室中养护,或在温度为(20±2)℃的不流动的 $Ca(OH)_2$ 饱和溶液中养护。标准养护室内的试件应放在支架上,彼此间隔为 10～20 mm,试件表面应保持潮湿,并不得被水直接冲淋。

③ 同条件养护试件的拆模时间可与实际构件的拆模时间相同,拆模后试件仍需保持同条件养护。

④ 标准养护龄期为 28 d(从搅拌加水开始计时)。

(4)加载速度要求

① 混凝土强度等级低于 C30 时,加载速度为 0.3～0.5 MPa/s。

② 混凝土强度等级高于或等于 C30 时且低于 C60 时,加载速度为 0.5～0.8 MPa/s。

③ 混凝土强度等级高于或等于 C60 时,加载速度为 0.8～1.0 MPa/s。

(5)结果计算

① 混凝土立方体试件抗压强度 f_{cc} 按式(5-1)计算(精确至 0.1 MPa)。

$$f_{cc} = F/A \tag{5-1}$$

式中　F——破坏荷载,N;

　　　A——受压面积,mm²;

　　　f_{cc}——混凝土立方体试件抗压强度,MPa,精确至 0.1 MPa。

② 强度值的确定应符合下列规定:

a. 取 3 个试件测值的算术平均值作为该组试件的强度值(精确至 0.1 MPa)。

　　b. 3 个测定值中的最小值或最大值中有一个与中间值的差异超过中间值的 15％时,则把最大值和最小值一并剔除,取中间值作为该组试件的抗压强度值。

　　c. 如果最大值和最小值与中间值的差均超过中间值的 15％,则此组试件的试验结果无效。

　　③ 混凝土强度等级低于 C60 时,用非标准试件测得强度值均应乘以尺寸换算系数,其值:对于 200 mm×200 mm×200 mm 试件,为 1.05;对于 100 mm×100 mm×100 mm 试件,为0.95。当混凝土强度等级高于或等于 C60 时,宜采用标准试件;使用非标准试件时,尺寸换算系数应由试验确定。

5.3　混凝土立方体劈裂抗拉强度试验

　　本方法适用于测定混凝土立方体试件的劈裂抗拉强度。

5.3.1　试验依据

　　试验依据:《混凝土物理力学性能试验方法标准》(GB/T 50081—2019)、《液压式万能试验机》(GB/T 3159—2008)、《试验机 通用技术要求》(GB/T 2611—2007)。

5.3.2　主要仪器设备

　　(1) 压力试验机:精度为 1％。

　　(2) 劈裂抗拉试验装置:如图 5-1 所示。

　　(3) 垫条:直径为 150 mm 的弧形钢,长度不短于试件边长,如图 5-1(b)所示。

　　(4) 垫层:木质三合板,宽度为 15～20 mm,厚度为 3～4 mm,长度不短于试件边长,不得重复使用。

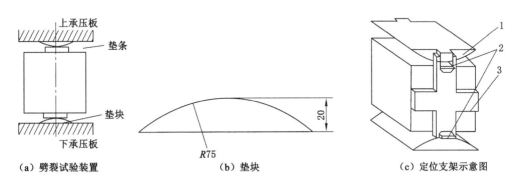

（a）劈裂试验装置　　　　　（b）垫块　　　　　（c）定位支架示意图

1—垫块;2—垫条;3—支架。

图 5-1　劈裂抗拉试验装置

　　定位支架应为钢支架,如图 5-1(c)所示。

5.3.3　试验方法及步骤

　　(1) 从养护室取出试件后将表面擦干净,在试件中部划线定出劈裂面的位置,劈裂面应与试件的成型面垂直。

（2）测量劈裂面的边长 a、b，精确至 1 mm。

（3）将试件居中放在试验机下压板上，分别在上、下压板与试件之间加垫条与垫层，使垫条的接触母线与试件上的劈裂面（荷载作用线）准确对正。

（4）启动试验机，使试件与压板接触均衡后连续均匀加载，试件接近破坏时停止调整油门，加载至破坏，记录破坏荷载 F（单位为 N 或 kN）。

（5）加载速度要求：

① 混凝土强度等级低于 C30 时，加载速度为 0.02～0.05 MPa/s。

② 混凝土强度等级高于或等于 C30 且低于 C60 时，加载速度为 0.05～0.08 MPa/s。

③ 混凝土强度等级高于或等于 C60 时，加载速度为 0.08～0.10 MPa/s。

（6）试验结果的计算与评定：

① 按式(5-2)计算试件的劈裂面面积 A（单位为 mm²）。

$$A = \overline{a} \cdot \overline{b} \tag{5-2}$$

式中　$\overline{a}$、$\overline{b}$——劈裂面边长平均值。

② 按式(5-3)计算混凝土的劈裂抗拉强度 f_{ts}（精确至 0.1 MPa）。

$$f_{ts} = 2F/\pi A = 0.637F/A \tag{5-3}$$

式中　f_{ts}——混凝土劈裂抗拉强度，MPa，精确至 0.01 MPa。

　　　　F——试件破坏荷载，N；

　　　　A——试件劈裂面面积，mm²。

③ 劈裂抗拉强度取值方法同混凝土立方体抗压强度。

④ 混凝土强度等级低于 C60 时，边长为 100 mm 的非标准立方体试件劈裂抗拉强度值需乘以尺寸换算系数 0.85，换算成标准立方体试件劈裂抗拉强度值。高于 C60 时，宜采用标准试件；使用非标准试件时，尺寸换算系数应根据试验确定。

5.4　混凝土抗折强度试验

5.4.1　试验依据

试验依据：《混凝土物理力学性能试验方法标准》(GB/T 50081—2019)、《液压式万能试验机》(GB/T 3159—2008)、《试验机 通用技术要求》(GB/T 2611—2007)。

5.4.2　主要仪器设备

（1）压力试验机：精度为 1%；

（2）混凝土抗折试验装置：如图 5-2 所示；

（3）钢直尺、毛刷等。

5.4.3　试验方法及步骤

（1）试件从养护室取出，随即擦干。在试件长度方向中部 1/3 区段内表面不得有直径超过 5 mm、深度超过 2 mm 的孔洞。

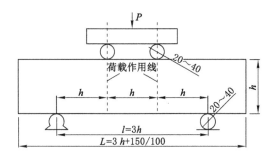

图 5-2　混凝土抗折试验装置示意图

（2）将试件居中放于抗折试验装置上，试件的受荷面应与成型时的顶面垂直。

（3）启动试验机，按试验机使用要求进行操作。

（4）加载应连续且均匀，当试件接近破坏时，停止调整试验机送油阀开启程度，直至试件破坏，记录破坏荷载 F 和试件下边缘断裂位置。

5.4.4　试验结果的计算与评定

（1）按式（5-4）计算试件的抗折强度 f_f，精确至 0.1 MPa。

$$f_\mathrm{f} = Fl/bh^2 \tag{5-4}$$

式中　f_f——抗折强度，MPa；

　　　F——试件破坏荷载，N；

　　　l——支座间跨度，mm；

　　　b，h——试件横截面宽度和高度，mm。

（2）抗折强度的取值（精确至 0.1 MPa）：

① 3 个试件下边缘折断面均位于两个集中荷载作用线之间时，取值方法同混凝土立方体抗压强度。

② 3 个试件中有 1 个折断面位于两个集中荷载之外时，以另外 2 个试验结果计算。如果 2 个测值的差值不大于较小值的 15％时，抗折强度取 2 个测值的算术平均值，否则该组试件的试验结果无效。

③ 3 个试件中有 2 个折断面位于两个集中荷载之外时，则该组试件的试验结果无效。

④ 混凝土强度等级低于 C60 时，尺寸为 100 mm×100 mm×400 mm 的非标准试件抗折强度值需乘以尺寸换算系数 0.85，换算成标准抗折强度值。强度等级高于 C60 时，宜采用标准试件；使用非标准试件时，尺寸换算系数应根据试验确定。

5.5　静力弹性模量试验

5.5.1　试验依据

试验依据：《混凝土物理力学性能试验方法标准》（GB/T 50081—2019）。用于测定棱柱体试件的混凝土静力受压弹性模量（以下简称弹性模量），圆柱体试件的弹性模量试验见附录 D。

5.5.2 试件制作

测定混凝土弹性模量的标准试件应是边长为 150 mm×150 mm×300 mm 的棱柱体试件。每次试验应制备 6 个试件,其中 3 个用于测定轴心抗压强度,另外 3 个用于测定静力受压弹性模量。

5.5.3 试验步骤

静力受压弹性模量试验步骤如下:

(1) 试件从养护地点取出后先将试件表面与上、下承压板表面擦干净。

(2) 取 3 个试件测定混凝土的轴心抗压强度(f_{cp}),另 3 个试件用于测定混凝土的弹性模量。

(3) 在测定混凝土弹性模量时,变形测量仪应安装在试件两侧的中线上并对称于试件的两端。

(4) 应仔细调整试件在压力试验机上的位置,使其轴心与下压板的中心线对准。启动压力试验机,当上压板与试件接近时调整球座,使其均匀接触。

(5) 加荷至基准应力为 0.5 MPa 的初始荷载 F_0,保持恒载 60 s 并在以后的 30 s 内记录每个测点的变形读数 ε_0。应立即连续均匀地加载至应力为轴心抗压强度 f_{cp} 的 1/3 的荷载值 F_a,保持恒载 60 s 并在之后的 30 s 内记录每个测点的变形读数 ε_a。

(6) 当以上这些变形值之差与其平均值之比大于 20% 时,应重新对中试件后重复第(5)步。如果无法使其减小到低于 20% 时,则此次试验无效。

(7) 在确认试件对中符合步骤(6)后,以与加载速度相同的速度卸载至基准应力 0.5 MPa(F_0),恒载 60 s;然后用同样的加载和卸载速度以及 60 s 保持恒载(F_0 及 F_a)至少进行两次反复预压。在最后一次预压完成后,基准应力 0.5 MPa(F_0)持荷 60 s 并在之后的 30 s 内记录每个测点的变形读数 ε_0;再用同样的加载速度加载至 F_a 并持荷 60 s,在之后的 30 s 内记录每个测点的变形读数 ε_a,如图 5-3 所示。

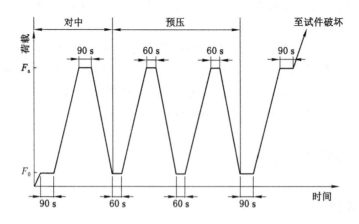

图 5-3 弹性模量加载过程示意图

（8）卸除变形测量仪，以同样的速度加载至破坏，记录破坏荷载；如果试件的抗压强度与 f_{cp} 之差超过 f_{cp} 的 20% 时，则应在报告中注明。

5.5.4　试验结果处理

混凝土弹性模量试验结果计算及确定按下述方法进行。

（1）混凝土弹性模量应按式（5-5）计算。

$$E_c = \frac{F_a - F_0}{A} \cdot \frac{L}{\Delta n} \tag{5-5}$$

式中　E_c——混凝土弹性模量，MPa；

　　　F_a——应力为 $\frac{1}{3}$ 轴心抗压强度时的荷载，N；

　　　F_0——应力为 0.5 MPa 时的初始荷载，N；

　　　A——试件承压面积，mm^2；

　　　L——测量标距，mm。

$$\Delta n = \varepsilon_a - \varepsilon_0 \tag{5-6}$$

式中　Δn——最后一次从 F_0 加载至 F_a 时试件两侧变形的平均值，mm；

　　　ε_a——F_a 时试件两侧变形的平均值，mm；

　　　ε_0——F_0 时试件两侧变形的平均值，mm。

混凝土受压弹性模量计算精确至 100 MPa。

（2）弹性模量按 3 个试件测值的算术平均值计算。如果其中有一个试件的轴心抗压强度值与用以确定检验控制荷载的轴心抗压强度值相差超过后者的 20% 时，弹性模量值按另两个试件测值的算术平均值计算；如果有两个试件超过上述规定时，此次试验无效。

5.6　无损法检测混凝土抗压强度简介

5.6.1　检测依据

检测依据：《混凝土强度检验评定标准》（GB/T 50107—2010）、《超声回弹综合法检测混凝土抗压强度技术规程》（T/CECS 02—2020）、《回弹法检测混凝土抗压强度技术规程》（JGJ/T 23—2011）、《高强混凝土强度检测技术规程》（JGJ/T 294—2013）等。

5.6.2　回弹法

回弹法是利用回弹仪检测混凝土强度的一种方法，属于非破损检测方法的一种。回弹仪（图 5-4）是用一个弹簧驱动的弹击锤弹击与混凝土接触的弹击杆，从而给混凝土施加动能，混凝土表面受到弹击后产生瞬时弹性变形的恢复力，使弹击锤带动指针弹回并指示弹回的距离，也就是回弹值。检测时，弹簧驱动的重锤，通过弹击杆（传力杆），弹击混凝土表面，并测得重锤被反弹回来的距离，以回弹值（反弹距离与弹簧初始长度之比）作为与强度相关的指标，来确定混凝土强度的一种方法。由于测量在混凝土表面进行，所以属于表面硬度法，是基于混凝土表面硬度和强度之间存在相关性而建立的一种检测方法。

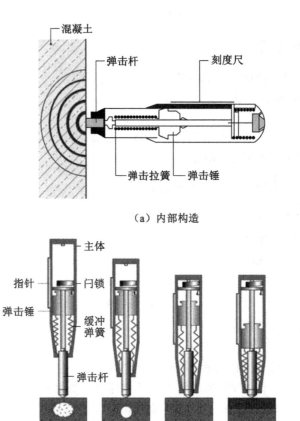

（a）内部构造

（b）工作过程

图 5-4   回弹仪内部构造和工作过程

利用回弹仪进行混凝土强度推断时,每一结构或构件测区的布置不少于 10 个,每个测区面积为 200 mm×200 mm,每个测区设置 16 个回弹点,且临近测点距离不宜小于 30 mm,同一测点只可回弹 1 次。测得回弹数值处理时,还应从 16 个回弹值中剔除 3 个最大值和 3 个最小值,取剩余 10 个有效回弹平均值作为该测区回弹测值,即

$$R_{m\alpha} = \frac{\sum_{i=1}^{10} R_{mi}}{10} \tag{5-7}$$

式中 $R_{m\alpha}$——测试角度为 α 时测区平均回弹值;

R_{mi}——第 i 个测点的回弹值。

当回弹仪测试位置非水平方向时,回弹值需要按照不同角度进行相应修正:

$$R_m = R_{m\alpha} + R_{\alpha} \tag{5-8}$$

表 5-1　回弹值角度修正

R_α	α 向上				α 向下			
	$+90°$	$+60°$	$+45°$	$+30°$	$-30°$	$-45°$	$-60°$	$-90°$
20	-6.0	-5.0	-4.0	-3.0	$+2.5$	$+3.0$	$+3.5$	$+4.0$
30	-5.0	-4.0	-3.5	-2.5	$+2.0$	$+2.5$	$+3.0$	$+3.5$
40	-4.0	-3.5	-3.0	-2.0	$+1.5$	$+2.0$	$+2.5$	$+3.0$
50	-3.5	-3.0	-2.5	-1.5	$+1.0$	$+1.5$	$+2.0$	$+2.5$

　　为对回弹结果进行校正,需要对测区混凝土进行碳化深度检测。具体过程如下:首先应采用电锤或冲击钻等器具在选定的检测位置上凿出孔洞。孔洞大小视碳化深度而定,一般直径为 12～25 mm,孔洞内部需清理干净,然后向孔洞内喷洒浓度为 1% 的酚酞试液。酚酞试液的配制:每克酚酞指示剂加 75 g 浓度为 95% 的酒精和 25 g 蒸馏水。

　　喷洒酚酞试液后,未碳化的混凝土变为红色,已碳化的混凝土不变色,测量变色混凝土前缘至构件表面的垂直距离,即混凝土碳化深度,如图 5-5 所示。碳化测区应选在构件上有代表性的部位,一般布置在构件中部,并避开较宽的裂缝和较大的孔洞。每个测区布置 3 个测孔,取 3 个测试数据的平均值作为该测区碳化深度的代表值。

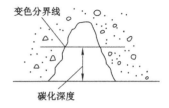

图 5-5　混凝土碳化深度测定

5.6.3　超声回弹综合法

　　超声回弹综合法是目前我国应用最为广泛的一种综合方法,为此颁布了《超声回弹综合法检测混凝土抗压强度技术规程》(T/CECS 02—2020),规程中提供的测强曲线有如下拟合公式:

$$f_{cu,i}^c = \alpha v_{ai}^\beta \cdot R_{ai}^\gamma \tag{5-9}$$

式中　$f_{cu,i}^c$——第 i 个测区混凝土强度换算值;

　　　　v_{ai}^β——第 i 个测区修正后的波速值;

　　　　R_{ai}^γ——第 i 个测区修正后的回弹值。

　　此外,式中的 α、β 和 γ 分别为测强曲线的拟合系数,对于粗骨料为卵石和碎石时,其取值有所不同,具体参见表 5-2。

表 5-2　混凝土粗骨料系数

粗骨料品种	α	β	γ
卵石	0.038	1.23	1.95
碎石	0.008	1.72	1.57

　　利用超声回弹综合法检测混凝土强度时,先进行回弹测试再进行超声检测,该方法的测区布置与回弹法一致,即在每个测区相对测试面上分别布置 3 个测点,且需保证超声发射和

接收换能器保持在同一轴线在。超声检测测得的声时值和声速值应分别精确至 $0.1\ \mu s$ 和 $0.01\ km/s$，超声测距误差应在 $\pm 1\%$ 之内。此时，测区声速按式(5-10)计算。

$$v = \frac{3l}{t_1 + t_2 + t_3} \tag{5-10}$$

式中　v——测区声速值，km/s；

　　　l——超声测距，mm；

　　　t_1、t_2、t_3——测区中 3 个测点处测得的声时值。

当测试面为浇注顶面或底面时，测区声速按照式(5-11)进行修正。

$$v' = \beta v \tag{5-11}$$

式中　v'——修正后的测区声速值；

　　　β——超声测试面修正系数，浇注混凝土侧面时 β 取 1.0，浇注混凝土顶面或侧面时，β 取 1.034。

将测得的第 i 个测区修正后的回弹值 R_{ai}^{γ} 和修正后的声速值 v_{ai}^{β} 代入式(5-10)即可计算得到第 i 个测区的混凝土强度换算值 $f_{cu,i}^{c}$。

第 6 章　混凝土耐久性能试验

6.1　概述

混凝土耐久性是指结构在规定的使用年限内,在各种环境条件下,不需要额外的费用加固处理而保持其安全性、正常使用和可接受的外观的能力。混凝土材料的耐久性能一般包括:抗渗性能、抗冻性能、抗侵蚀性能、抗碳化性能等。

6.2　抗渗性能试验

6.2.1　试验依据

试验依据:《普通混凝土配合比设计规程》(JGJ 55—2011)、《普通混凝土长期性能和耐久性能试验方法标准》(GB/T 50082—2009)、《混凝土抗渗仪》(JG/T 249—2009)。

6.2.2　试件制作

试模应采用上口内部直径为 175 mm、下口内部直径为 185 mm 和高度为 150 mm 的圆台体。抗水渗透试验应以 6 个试件为 1 组。

6.2.3　主要仪器设备

(1)混凝土抗渗仪:如图 6-1 所示;
(2)抗渗试模、钢丝刷等。

6.2.4　试验方法及步骤

(1)按试件的制作与养护方法成型标准尺寸混凝土抗渗试件。
(2)试件拆模后,用钢丝刷刷去上、下两端面的水泥浆膜,按标准条件进行养护。
(3)养护 27 d,从养护室取出试件晾干。
(4)在试件侧面涂密封材料,可用熔化的石蜡或黄油和粉煤灰的混合物,同时将金属模套加热。
(5)将涂密封材料的试件压入预热后的金属模套。
(6)将试件和金属模套一起组装到抗渗仪上。
(7)试验水压从 0.1 MPa 开始,每隔 8 h 增加 0.1 MPa,并随时观察渗水状况。
(8)评定抗渗等级时,当 1 组 6 个试件中有 3 个试件渗水时,停止试验,并记录水压 H。

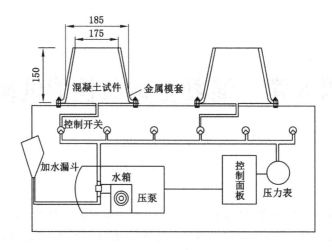

图 6-1 混凝土抗渗仪示意图(单位:mm)

(9) 进行对比试验时,也可将未渗水的试件垂直居中剖开,在底面分成 10 等份,分别测试渗水的高度 h_i。

6.2.5 试验结果的计算与评定

(1) 混凝土的抗渗等级应以每组 6 个试件中 4 个试件未出现渗水时的最大水压力乘以 10 来确定。按式(6-1)计算混凝土的抗渗等级 P。

$$P = 10H - 1 \tag{6-1}$$

式中,H 为 6 个试件中有 3 个试件渗水时的水压力,MPa。

(2) 按式(6-2)计算单个试件的平均渗水高度 $\overline{h}$。

$$\overline{h} = \frac{\sum\limits_{i=1}^{10} h_i}{10} \tag{6-2}$$

6.3 抗冻性能试验(快冻法)

本方法适用于测定混凝土试件在水冻融条件下以经受的快速冻融循环次数来表示的混凝土抗冻性能。

6.3.1 试验依据

试验依据:《普通混凝土长期性能和耐久性能试验方法标准》(GB/T 50082—2009)、《混凝土抗冻试验设备》(JG/T 243—2009)。

6.3.2 主要仪器设备

(1) 快速冻融装置:应符合现行行业标准《混凝土抗冻试验设备》(JG/T 243—2009)的规定。除应在测温试件中埋设温度传感器外,尚应在冻融箱内防冻液中心与任何一个对角线的两端分别设有温度传感器。运转时冻融箱内防冻液各点温度的极差不得超过 2 ℃。

（2）试件盒（图 6-2）：宜采用具有弹性的橡胶材料制作，其内表面底部应有半径为 3 mm 的橡胶突起部分。盒内加水后水面应至少高出试件顶面 5 mm。试件盒横截面尺寸宜为 115 mm×115 mm，试件盒长度宜为 500 mm。

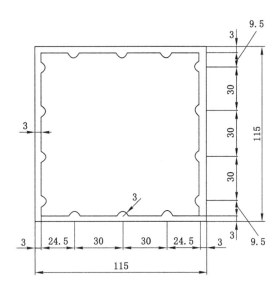

图 6-2　橡胶试件盒横截面示意图（单位：mm）

（3）称量设备的最大量程应为 20 kg，感量不应超过 5 g。

6.3.3　试件制作

（1）快冻法抗冻试件为 100 mm×100 mm×400 mm 的棱柱形试件，每组 3 块。

（2）成型试件时不得采用憎水性脱模剂。

（3）除制作冻融试验的试件外，尚应制作同样形状、尺寸且中心埋有温度传感器的测温试件，测温试件应采用防冻液作为冻融介质。测温试件所用混凝土的抗冻性应优于冻融试件，测温试件的温度传感器应埋设在试件中心。温度传感器不应采用钻孔后插入的方式埋入。

6.3.4　试验方法及步骤

（1）标准养护 24 d 时提前将冻融试验的试件去除，放入（20±2）℃水中浸泡，浸泡时水面应高出试件顶面 20～30 mm，在水中浸泡 4 d，试件应在 28 d 时开始进行冻融试验。

（2）当试件养护龄期达到 28 d 时应及时取出，用湿布擦除表面水分后对外观尺寸进行测量，试件的外观尺寸公差不得超过 1 mm。对试件进行编号，称取试件初始质量 W_{0i}。

（3）将试件放入试件盒内，应位于试件盒中心，然后将试件盒放入冻融箱内的试件架中，并向试件盒内注入清水。在整个试验过程中，盒内水位应始终保持至少高出试件顶面 5 mm。

（4）测温试件盒应放在冻融箱的中心位置。

（5）冻融循环过程应符合下列规定：

① 每次冻融循环应在 2～4 h 内完成，且融化时间不得少于整个冻融循环时间的 1/4。

② 在冷冻和融化过程中，试件中心最低温度和最高温度应分别控制在（-18±2）℃ 和 （5±2）℃ 以内。任意时刻，试件中心温度不得高于 7 ℃，且不得低于 -20 ℃。

③ 每块试件从 3 ℃ 降至 -16 ℃ 所用的时间不得少于冷冻时间的 1/2；每块试件从 -16 ℃ 升至 3 ℃ 所用的时间不得少于整个融化时间的 1/2，试件内外的温差不宜超过 28 ℃。

④ 冷冻和融化之间的转换时间不宜超过 10 min。

（6）每隔 25 次冻融循环应检查试件外部损伤并称量试件的质量 W_{ni}；测完后，应迅速将试件调头重新装入试件盒内并注入清水，继续试验。试件的测量、称量以及外观检查应迅速，待测试件应用湿布覆盖。

（7）当停止试验有试件被取出时，用其他试件填充空位。当在冷冻状态下因故中断时，试件应保持冷冻状态，直至恢复冻融试验为止，并应将故障原因和暂停试件在试验结果中注明。试件在非冷冻状态下发生故障的时间不宜超过两个冻融循环的时间。在整个试验过程中，超过 2 个冻融循环时间的中断故障次数不得超过 2 次。

（8）当冻融循环出现下列情况之一时可停止试验：

① 达到规定的冻融循环次数。

② 试件的相对动弹性模量下降至原来的 60%。

③ 试件的质量损失率达 5%。

6.3.5　试验结果处理

（1）相对动弹性模量按式（6-3）计算。

$$P_i = f_{ni}^2 / f_{0i}^2 \times 100\% \tag{6-3}$$

式中　P_i——经 n 次冻融循环后第 i 个混凝土试件的相对动弹性模量，精确至 0.1%；

　　　f_{ni}——经 n 次冻融循环后第 i 个混凝土试件的横向基频，Hz；

　　　f_{0i}——冻融循环试验前第 i 个混凝土试件横向基频初始值，Hz。

$$P = \frac{1}{3}\sum_{i=1}^{3} P_i \tag{6-4}$$

式中　P——经 n 次冻融循环后一组混凝土试件的相对动弹性模量，%，精确至 0.1。

相对动弹性模量 P 应以 3 个试件试验结果的算术平均值作为测定值。当最大值或最小值与中间值之差超过中间值的 15% 时，应剔除此值，并应取其余 2 个值的算术平均值作为测定值；当最大值和最小值与中间值之差均超过中间值的 15% 时，应取中间值作为测定值。

（2）单个试件的质量损失率按式（6-5）计算。

$$\Delta W_{ni} = (W_{0i} - W_{ni})/W_{0i} \times 100\% \tag{6-5}$$

式中　ΔW_{ni}——n 次冻融循环后第 i 个混凝土试件的质量损失率，精确至 0.01%；

　　　W_{0i}——冻融循环前第 i 个混凝土试件的质量，g；

　　　W_{ni}——n 次冻融循环后第 i 个混凝土试件的质量，g。

（3）一组试件的平均质量损失率按式（6-6）计算。

$$\Delta W_n = \frac{\sum\limits_{i=1}^{3} W_{ni}}{3} \times 100\%$$ (6-6)

式中　ΔW_n——n 次冻融循环后一组混凝土试件的平均质量损失率,精确至 0.01%。

（4）每组试件的平均质量损失率应以 3 个试件的质量损失率试验结果的算术平均值作为测定值。当某个试验结果出现负值,应取 0,再取 3 个试件的平均值。当 3 个值中的最大值或最小值与中间值之差超过 1% 时,应剔除此值,并应取其余 2 个值的算术平均值作为测定值;当最大值和最小值与中间值之差均超过 1% 时,应取中间值作为测定值。

（5）混凝土抗冻等级应以相对动弹性模量下降至不低于 60% 或者质量损失率不超过 5% 时的最大冻融循环次数来确定,并用符号 F 表示。

6.4　碳化性能试验

6.4.1　试验依据

试验依据:《普通混凝土长期性能和耐久性能试验方法标准》(GB/T 50082—2009)、《混凝土碳化试验箱》(JG/T 247—2009)。

6.4.2　主要仪器设备

（1）混凝土碳化试验箱:应符合现行行业标准《混凝土碳化试验箱》(JG/T 247—2009)的规定,并采用带有密封盖的密闭容器,容器的容积应至少为预定进行试验的试件体积的 2 倍。碳化箱内应有架空试件的支架、二氧化碳引入口、分析取样用的气体导出口、箱内气体对流循环装置、为保持箱内恒温恒湿所需的设备以及温湿度监测装置。宜在碳化箱上设玻璃观察口,对箱内的温度进行读数,如图 6-3 所示。

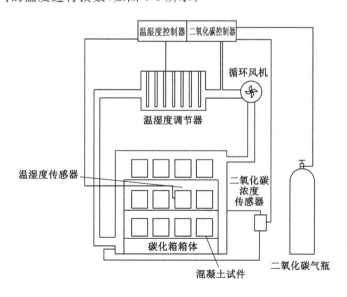

图 6-3　混凝土碳化试验箱

（2）气体分析仪：能分析箱内二氧化碳浓度，精确至±1%。

（3）二氧化碳供气装置：包括气瓶、压力表和流量计。

6.4.3 试件制作

（1）按试件的制作与养护方法成型立方体试件或高宽比不小于3的棱柱体试件。

（2）试件拆模后，按标准养护条件进行养护。

（3）养护26 d，从养护室取出试件，置于60 ℃的烘箱中烘干48 h。

6.4.4 试验方法及步骤

（1）将试件留下一对侧面，其余面用石蜡密封。

（2）在留下的侧面上以间距为10 mm画沿长度的平行线，作为碳化深度测试点。

（3）将处理好的试件放入碳化箱内，间距不小于50 mm。试件放入碳化箱后，应将碳化箱密封。密封可采用机械办法或油封，但不得采用水封。应启动箱内气体对流装置，徐徐充入二氧化碳，并测定箱内的二氧化碳浓度。逐步调节二氧化碳流量，使箱内的二氧化碳浓度保持在（20±3）%。在整个试验期间采取去湿措施，使箱内的相对湿度控制在（70±5）%，温度控制在（20±2）℃。

（4）二氧化碳浓度、温度和相对湿度在试验前2 d测定时间隔为2 h，之后间隔为4 h。

（5）在碳化3 d、7 d、14 d和28 d时，分别取出试件，破型测定碳化深度。棱柱体试件应通过在压力试验机上的劈裂法或者采用干锯法从一端开始破型。每次切除的厚度应为试件宽度的一半，切后应用石蜡将破型后试件的切断面封好，再放入箱内继续碳化，直到下一个试验期。当采用立方体试件时，应在试件中部劈开，立方体试件应只进行一次检验，劈开测试碳化深度后不得重复使用。

（6）将剖下部分清除粉末，滴上浓度为1%的酒精酚酞溶液，溶液含水20%。

（7）30 s后按划线的每10 mm测试碳化深度 d_i，精确至0.5 mm。若碳化分界线上正好有粗骨料颗粒，则可取颗粒两侧的平均值为该点的碳化深度。

（8）也可以测试碳化一定龄期的混凝土立方体试件的抗压强度 f_{cut}，与标准养护条件下的混凝土立方体抗压强度 f_{cu} 相比得到强度对比关系，此时的立方体试件可不用蜡密封。

6.4.5 试验结果的计算与评定

（1）按式(6-7)计算各龄期混凝土试件的平均碳化深度 $\overline{d}$，精确至0.1 mm。

$$\overline{d} = \frac{\sum\limits_{i=1}^{n} d_i}{n} \tag{6-7}$$

式中 d_i——各测点的碳化深度，mm；

       n——测点总数。

混凝土碳化值取3个试件的平均值。

（2）以碳化时间为横坐标，碳化深度为纵坐标绘出两者的关系曲线，可表示标准碳化条件下混凝土碳化规律。

（3）按式(6-8)计算抗压强度比 A，表示碳化对混凝土抗压强度的影响。

$$A = \frac{f_{cut}}{f_{cu}} \tag{6-8}$$

式中 A——抗压强度比；

f_{cut}——一定碳化龄期的混凝土立方体试件的抗压强度，MPa；

f_{cu}——标准条件养护下的混凝土立方体抗压强度，MPa。

6.5 抗氯离子渗透试验（电通量法）

本试验通过混凝土试件的电通量来确定混凝土抗氯离子渗透性能。本方法不适用于掺有亚硝酸盐和钢纤维等良导电材料的混凝土。

6.5.1 试验依据

试验依据：《普通混凝土长期性能和耐久性能试验方法标准》（GB/T 50082—2009）、《混凝土氯离子电通量测定仪》（JG/T 261—2009）。

6.5.2 试验设备

试验采用电通量法测定混凝土抗氯离子渗透性能。采用的试验装置如图 6-4 所示。

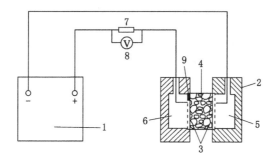

1—直流稳压电源；2—试验槽；3—铜电极；4—混凝土试件；5—3.0%NaCl 溶液；

6—0.3 mol/L NaOH 溶液；7—标准电阻；8—直流数字式电压表；9—试件垫圈。

图 6-4 电通量试验装置示意图

仪器设备和化学试剂应符合下列要求：

（1）直流稳压电源的电压范围为 0~80 V，电流范围为 0~10 A，能稳定输出 60 V 的直流电压，精确至 ±0.1 V。

（2）耐热塑料或耐热有机玻璃试验槽（图 6-5）的边长为 150 mm，总厚度不小于 51 mm。试验槽中心的两个槽的直径分别为 89 mm 和 112 mm。两个槽的深度分别为 41 mm 和 6.4 mm。在试验槽的一边开有直径为 10 mm 的注液孔。

（3）紫铜垫板宽度为（12±2）mm，厚度为（0.5±0.05）mm。铜网孔径为 0.95 mm 或者 20 目。

（4）标准电阻精度应为 ±0.1%；直流数字电流表量程为 0~20 A，精度为 ±0.1%。

（5）真空容器的内径不小于 250 mm，至少能容纳 3 个试件。

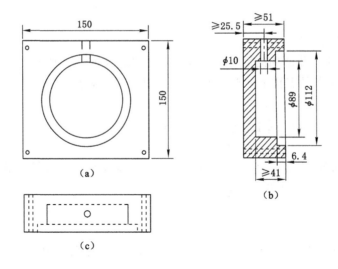

图 6-5　试验槽示意图(单位:mm)

（6）阴极溶液用化学纯试剂配制的质量浓度为 3.0% 的 NaCl 溶液。

（7）阳极溶液用化学纯试剂配制的物质的量浓度为 0.3 mol/L 的 NaOH 溶液。

（8）密封材料应用硅胶或树脂等密封材料。

（9）硫化橡胶垫或硅橡胶垫的外径为 100 mm,内径为 75 mm,厚度为 6 mm。

（10）切割试件的设备采用水冷式金刚锯或碳化硅锯。

（11）抽真空设备可用烧杯(体积大于 1 000 mL)、真空干燥器、真空泵、分液装置、真空表等组合而成。

（12）温度计的量程为 0~120 ℃,精度为 ±0.1%。

（13）电吹风的功率为 1 000~2 000 W。

6.5.3　试件制作

（1）试验用试件采用直径为(100±1) mm,高度为(50±2) mm 的圆柱体。

（2）当试件表面有涂料等附加材料时,应预先去除,且试样内不得含有钢筋等良导电材料。在试件移送实验室前,应避免冻伤或其他物理伤害。

（3）电通量试验宜在试件养护到 28 d 龄期时进行。对于掺有大掺量矿物掺合料的混凝土,可在 56 d 龄期时进行试验。应先将养护到规定龄期的试件暴露在空气中直至表面干燥,并应以硅胶或树脂密封材料涂刷试件圆柱侧面,还应填补涂层中的孔洞。

6.5.4　试验步骤

（1）电通量试验前将试件真空饱水。先将试件放入真空容器,然后启动真空泵,并在 5 min 内将真空容器中的绝对压强降低至 1~5 kPa,保持该真空压强 3 h,然后在真空泵运转的情况下注入足够的蒸馏水或者去离子水,直至试件被淹没。应在试件浸没 1 h 后恢复常压,并继续浸泡(18±2) h。

（2）在真空饱水结束后,从水中取出试件并抹掉多余水分,且应保持试件所处环境相对湿度在 95% 以上。将试件安装于试验槽内,并采用螺杆将两试验槽和端面装有硫化橡胶垫的试件夹紧。试件安装好之后,采用蒸馏水或者其他有效方式检查试件和试验槽之间的密封性能。

（3）检查试件和试验槽之间的密封性能之后,将质量浓度为 3.0% 的 NaCl 溶液和物质的量浓度为 0.3 mol/L 的 NaOH 溶液分别注入试件两侧的试验槽内,注入 NaCl 溶液的试验槽内的铜网连接电源负极,注入 NaOH 溶液的试验槽内的铜网连接电源正极。

（4）在正确连接电源线之后,在保持试验槽中充满溶液的情况下接通电源,并对上述两个铜网施加 (60 ± 0.1) V 直流恒电压,且记录电流初始读数 I_0。开始时每隔 5 min 记录一次电流值,当电流值变化不大时,可每隔 10 min 记录一次;当电流值变化很小时,每隔 30 min 记录一次电流值,直至通电 6 h。

（5）当采用自动采集数据的测试装置时,记录电流的时间间隔可设定为 5～10 min。电流测量值应精确至 ±0.5 mA。试验过程中宜同时检测试验槽中溶液的温度。

（6）试验结束后及时排除试验溶液,并用凉开水和洗涤剂冲洗试验槽 60 s 以上,然后用蒸馏水洗净并用电吹风冷风挡吹干。

（7）试验在 20～25 ℃ 的室内进行。

6.5.5　试验结果的计算与评价

（1）试验过程中或试验结束后绘制电流与时间的关系曲线。通过将各点数据用光滑曲线连接起来,对曲线进行面积积分,或按梯形法进行面积积分,得到试验 6 h 通过的电流量。

（2）每个试件的总电通量按式(6-9)计算。

$$Q = 900(I_0 + 2I_{30} + 2I_{60} + \cdots + 2I_i + \cdots + 2I_{300} + 2I_{330} + 2I_{360}) \tag{6-9}$$

式中　Q——通过试件的总电通量,C;

　　　I_0——初始电流,A,精确至 0.001 A;

　　　I_t——t 时刻试件中的电流,A,精确至 0.001 A。

（3）计算得到的通过试件的总电通量应换算成直径为 95 mm 试件的电通量值。通过将计算的总电通量乘以一个直径为 95 mm 的试件和实际试件横截面积的比值来换算,按式(6-10)计算。

$$Q_s = Q_x \times (95/x)^2 \tag{6-10}$$

式中　Q_s——通过直径为 95 mm 的试件的电通量,C;

　　　Q_x——通过直径为 x 的试件的电通量,C;

　　　x——试件的实际尺寸,mm。

（4）每组应取 3 个试件电通量的算术平均值作为该组试件的电通量测定值。当某一个电通量值与中值的差值超过中值的 15% 时,应取其余 2 个试件的电通量的算术平均值作为该组试件的测定值。当有 2 个测值与中值的差值都超过中值的 15% 时,应取中值作为该组试件的电通量测定值。

第7章 墙体材料试验

7.1 概述

以砖为代表的墙体材料广泛应用于砌体结构中,通常需要对其尺寸、外观质量、抗折强度、抗压强度、冻融、体积密度、石灰爆裂、泛霜、吸水率和饱和系数、孔洞率及孔洞结构、干燥收缩、碳化、软化等性能进行试验。

7.2 尺寸偏差及外观质量检查

7.2.1 试验依据

试验依据:《砌墙砖试验方法》(GB/T 2542—2012)。

7.2.2 主要仪器设备

(1)砖用卡尺:分度值为 0.5 mm,如图 7-1 所示。

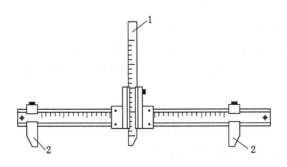

1—垂直尺;2—支脚。
图 7-1 砖用卡尺

(2)钢直尺:分度值不应大于 1 mm。

7.2.3 试验方法及步骤

(1)几何尺寸

长度应在砖的两个大面的中间处分别测量两个尺寸;宽度应在砖的两个大面的中间处分别测量两个尺寸;高度应在两个条面的中间处分别测量两个尺寸。当被测处有缺损或凸出时,可在其旁边测量,但应选择不利的一侧,精确至 0.5 mm。

（2）缺损

缺棱掉角在砖上造成的破损程度,以破损部分在长、宽、高3个棱边上的投影尺寸来度量,称为破坏尺寸,如图7-2所示。

（3）裂纹

裂纹分为长度方向裂纹、宽度方向裂纹和水平方向裂纹3种,以被测方向的投影长度表示。如果裂纹从一个面延伸至其他面上时,则累计其延伸的投影长度,如图7-3所示。

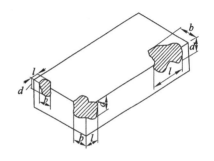

l—长度方向的投影尺寸;b—宽度方向的投影尺寸;d—高度方向的投影尺寸。

图7-2 缺棱掉角破坏尺寸量法

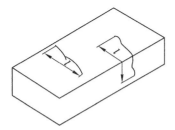 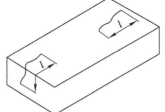 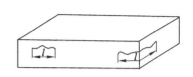

（a）宽度方向裂纹长度量法　　（b）长度方向裂纹长度量法　　（c）水平方向裂纹长度量法

图7-3 裂纹长度量法

多孔砖的孔洞与裂纹相通时,则将孔洞包括在裂纹内一并测量,如图7-4所示。

（4）弯曲

分别在大面和条面上测量弯曲。测量时将砖用卡尺的两个支脚沿棱边两端放置,择其弯曲最大处将垂直尺推至砖面,如图7-5所示。但是不应将因杂质或碰伤造成的凹陷处计算在内。以弯曲中测得的较大者作为测量结果。

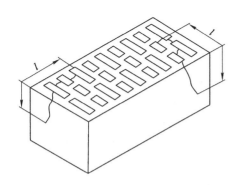 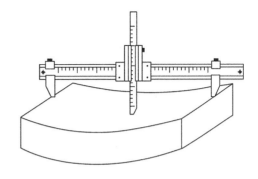

图7-4 多孔砖裂纹通过孔洞时长度量法　　　　图7-5 弯曲量法

（5）杂质凸出高度

杂质在砖面上的凸出高度，以杂质距砖面的最大距离表示。将砖用卡尺的两只脚置于凸出两边的砖平面上，以垂直尺测量，如图 7-6 所示。

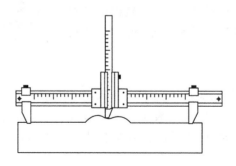

图 7-6　杂质凸出量法

7.2.4　试验结果处理

外观测量结果以 mm 为单位，不足 1 mm 者按 1 mm 计。

7.3　体积密度和空洞率试验

7.3.1　主要仪器设备

（1）鼓风干燥箱：最高温度 200 ℃；

（2）台秤：分度值不应大于 5 g；

（3）钢直尺：分度值不应大于 1 mm；

（4）砖用卡尺：分度值为 0.5 mm；

（5）水池、水箱或水桶；

（6）吊架：如图 7-7 所示。

7.3.2　试验方法及步骤

（1）清理试样表面，然后将试样置于（105±5）℃鼓风干燥箱中干燥至恒重（在干燥过程中，前后两次称量相差不超过 0.2%，前后两次称量时间间隔为 2 h），称其质量 m，并检查外观情况，不得有缺棱、掉角等破损。如有破损，必须重新换取备用试样。

（2）测量干燥后的试样尺寸各 2 次，取其平均值计算体积 V，精确至 1 mm。

（3）将试样浸入室温的水中，水面应高出试样 20 mm 以上，24 h 后将其分别移到水中，称取试样的悬浸质量 m_1。

（4）将试样从水中取出，放在铁丝网架上滴水 1 min，再用拧干的湿布拭去内、外表面的水，立即称取其面干潮湿状态的质量 m_2，精确至 5 g。

（5）测量试样最薄处的壁厚、肋厚尺寸，精确至 1 mm。

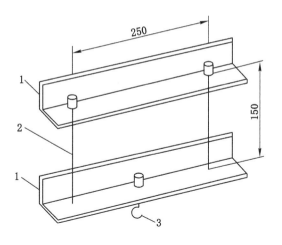

1—角钢;2—拉筋;3—钩子(与两端拉筋等距离)。

图 7-7　吊架(单位:mm)

7.3.3　试验结果处理

(1) 每块试样的体积密度按式(7-1)计算。

$$\rho = \frac{m}{V} \times 10^9 \qquad\qquad (7\text{-}1)$$

式中　ρ——体积密度,kg/m³;

　　　m——试样干质量,kg;

　　　V——试样体积,mm³。

(2) 试样数量为 5 块,每块试样的孔洞率按式(7-2)计算。

$$Q = \left(1 - \frac{m_2 - m_1}{D \cdot L \cdot B \cdot H}\right) \times 100\% \qquad\qquad (7\text{-}2)$$

式中　Q——试样的孔洞率;

　　　m_1——试样的悬浸质量,kg;

　　　m_2——试样面干潮湿状态时的质量,kg;

　　　L——试样长度,m;

　　　B——试样宽度,m;

　　　H——试样高度,m;

　　　D——水的密度,取 1 000 kg/m³。

7.4　抗折强度试验

7.4.1　主要仪器设备

(1) 试验机:试验机的示值相对误差不大于±1%,其下加压板应为球铰支座,预期最大破坏荷载应在量程的 20%～80% 之间。

（2）砖抗折试验装置：三点简支方式加载，支、压辊直径为 30 mm，下支辊应有一个为铰接固定，如图 7-8 所示。

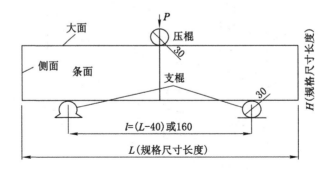

图 7-8　砖抗折试验装置（单位：mm）

（3）钢直尺（分度值不大于 1 mm）、抹刀等。

7.4.2　试件制作

（1）试样数量为 10 块。

（2）试样应放在温度为（20±5）℃的水中浸泡 24 h 后取出，用湿布拭去其表面水分进行抗折强度试验。

7.4.3　试验方法及步骤

（1）在砖中间位置分别量取砖的高度 H 和宽度 B，精确至 1 mm。

（2）调整抗折夹具的跨距 l 为砖规格长度减去 40 mm，但是规格长度为 190 mm 时，跨距为 160 mm。

（3）将砖大面居中放在支辊上，以 50～150 N/s 的速度均匀加载，直至试样断裂，记录最大破坏荷载 P。

7.4.4　试验结果的计算与评定

（1）按式（7-3）计算砖的抗折强度 R_c，精确至 0.01 MPa。

$$R_c = \frac{3PL}{2BH^2} \tag{7-3}$$

式中　R_c——抗折强度，MPa；

　　　P——破坏荷载，N；

　　　L——跨距，mm；

　　　B——试样宽度，mm；

　　　H——试样高度，mm。

（2）砖的抗折强度以各试样的算术平均值和单块最小值表示，精确至 0.01 MPa。

7.5　砖抗压强度试验

7.5.1　试验依据

试验依据:《砌墙砖试验方法》(GB 2542—2012)。

7.5.2　主要仪器设备

(1) 试验机:精度为 1%;

(2) 切割设备、钢直尺、抹刀等。

7.5.3　试件制作

(1) 烧结普通砖

① 将试样切割成均匀的两半,且每个半块试样长度不得小于 100 mm。

② 将断开的试样泡水 10～20 min,取出后用厚度不大于 5 mm 的水泥砂浆黏结,断口方向相反。

③ 用厚度不大于 5 mm 的水泥砂浆抹平表面。

④ 试样在不低于 10 ℃的不通风室内养护 3 d 后待用。

(2) 非烧结砖

① 将试样切割成均匀的两半,且每半块试样长度不得小于 100 mm。

② 将断开的试样按断口相反方向叠合,叠合部分为 100 mm,即抗压强度试样。

(3) 多孔砖、空心砖

① 将砖试样泡水 10～20 min,取出后滴水 3～5 min。

② 在玻璃板上铺 5 mm 厚度水泥净浆。

③ 将砖平稳坐压在水泥净浆上,两侧采用相同方法处理。

④ 试样在不低于 10 ℃的不通风室内养护 3 d 后待用。

7.5.4　试验方法及步骤

(1) 测取试样的连接面或受压面的长度 L 和宽度 B 各 2 个,分别取平均值,精确至 1 mm。

(2) 将试样居中放置在下压板上,以约 4 kN/s 的速度均匀加载,直至试件破坏,记录最大破坏荷载 P。

7.5.5　试验结果的计算与评定

(1) 按式(7-4)计算砖的抗压强度 R_p,精确至 0.01 MPa。

$$R_p = \frac{P}{BL} \tag{7-4}$$

式中　R_p——抗压强度,MPa;

　　　P——最大破坏荷载,N;

B——受压面(连接面)的宽度,mm;

L——受压面(连接面)的长度,mm。

(2)砖的抗压强度以各试样的算术平均值、标准值或单块最小值表示,精确至 0.1 MPa。

7.6 吸水率和饱和系数试验

7.6.1 主要仪器设备

(1)鼓风干燥箱:最高温度 200 ℃。

(2)台秤:分度值不大于 5 g。

(3)蒸煮箱。

7.6.2 试验方法及步骤

(1)清理试样表面,然后置于(105±5)℃ 鼓风干燥箱中干燥至恒重(在干燥过程中,称量两次,相差不超过 0.2%,称量时间间隔为 2 h),除去粉尘后称取质量 m_0。

(2)将干燥试样浸入水中 24 h,水温为 10~30 ℃。

(3)取出试样用湿毛巾拭去表面水分,立即称量。称量时试样表面毛细孔渗出于秤盘中水的质量也应计入吸水质量中,所得质量为浸泡 24 h 的湿质量 m_{24}。

(4)将浸泡 24 h 后的湿试样侧立放到蒸煮箱的篦子板上,试样间距不得小于 10 mm,注入清水,箱内水面应高于试样表面 50 mm,加热至沸腾沸煮 3 h,饱和系数试验时沸煮 5 h,停止加热冷却至常温。

(5)称量沸煮 3 h 湿质量 m_3,饱和系数试验时称量沸煮 5 h 的湿质量 m_5。

7.6.3 试验结果的计算与评定

(1)常温水浸泡 24 h 时的试样吸水率按式(7-5)计算。

$$W_{24} = (m_{24} - m_0)/m_0 \times 100\% \tag{7-5}$$

式中　W_{24}——常温水浸泡 24 h 时的试样吸水率;

m_0——试样干质量,kg;

m_{24}——试样浸水 24 h 时的湿质量,kg。

(2)试样沸煮 3 h 时的吸水率按式(7-6)计算。

$$W_3 = (m_3 - m_0)/m_0 \times 100\% \tag{7-6}$$

式中　W_3——试样沸煮 3 h 时的吸水率;

m_3——试样沸煮 3 h 时的湿质量,kg。

(3)每块试样的饱和系数按式(7-7)计算。

$$K = (m_{24} - m_0)/(m_5 - m_0) \tag{7-7}$$

式中　K——试样的饱和系数;

m_5——试样沸煮 5 h 的湿质量,kg。

7.7　泛霜试验

7.7.1　主要仪器设备

(1) 鼓风干燥箱:最高温度为 200 ℃。

(2) 耐磨耐腐蚀的浅盘:容水深度为 25～35 mm。

(3) 透明材料:能完全覆盖浅盘,其中间部位开有大于试样宽度、高度或长度尺寸 5～10 mm 的矩形孔。

(4) 温度计、湿度计。

7.7.2　试验方法及步骤

(1) 取试样 5 块,清理试样表面,然后置于(105±5)℃鼓风干燥箱中干燥 24 h,取出冷却至常温。

(2) 将试样顶面或有孔洞的面朝上并分别置于浅盘中,向浅盘中注入蒸馏水,水面高度不应低于 20 mm。用透明材料覆盖在浅盘上,并将试样暴露在外面,记录时间。

(3) 试样浸在盘中的时间为 7 d,试验开始 2 d 内经常加水以保持盘内水面高度,之后保持浸在水中即可。试验过程中要求环境温度为 16～32 ℃,相对湿度为 35％～60％。

(4) 试验 7 d 后取出试样,在同样的环境条件下放置 4 d。然后在(105±5)℃鼓风干燥箱中干燥至恒重。取出冷却至常温。记录干燥后的泛霜程度。

7.7.3　试验结果的计算与评定

(1) 泛霜程度根据记录以最严重者表示。

(2) 泛霜程度划分如下:

① 无泛霜:试样表面的盐析几乎看不到。

② 轻微泛霜:试样表面出现一层明显的霜膜,但试样表面仍清晰。

③ 中等泛霜:试样部分表面或棱角出现明显霜层。

④ 严重泛霜:试样表面出现起砖粉、掉屑及脱皮现象。

7.8　软化试验

7.8.1　主要仪器设备

(1) 水池或水箱。

(2) 材料试验机:试验机的示值相对误差不超过±1％,其上、下加压板至少应有一个球铰支座,预期最大破坏荷载应在量程的 20％～80％之间。

7.8.2　试验方法及步骤

(1) 取试样 10 块,其中 5 块用于软化试验,5 块用于未经软化强度对比试验。

（2）将用于软化试验的 5 块试样浸入（20±5）℃的水中，水面高出试样 20 mm 以上，浸泡 4 d 后取出，在铁丝网架上滴水 1 min，再用拧干的湿布拭去试样表面的水，即饱和面干状态试样。

（3）将 5 块对比试样在不低于 10 ℃的不通风室内放置 72 h，即成为气干状态试样。

（4）将软化后试样和未经软化对比试样，按 7.5 节的规定进行抗压强度试验。

7.8.3 试验结果的计算与评定

试验结果以试样软化系数或软化后抗压强度表示，软化系数按式(7-8)计算：

$$K_f = R_f / R_0 \qquad\qquad (7\text{-}8)$$

式中 K_f——软化系数；

R_f——软化后抗压强度平均值，MPa；

R_0——对比试样的抗压强度平均值，MPa。

7.9 冻融试验

7.9.1 主要仪器设备

（1）低温箱或冷冻室：试样放入箱（室）内，温度可调至 −20 ℃及以下。

（2）水槽：保持槽中水温 10～20 ℃为宜。

（3）台秤：分度值不大于 5 g。

（4）电热鼓风干燥箱：最高温度为 200 ℃。

（5）材料试验机：试验机的示值相对误差不超过±1%，其上、下加压板至少应有一个球铰支座，预期最大破坏荷载应为量程的 20%～80%。

7.9.2 试验方法及步骤

（1）取试样 10 块，其中 5 块用于冻融试验，5 块用于未冻融强度对比试验。

（2）用毛刷清理试样表面，将试样放入鼓风干燥箱中在（105±5）℃下干燥至恒重（在干燥过程中，前后两次称量相差不超过 0.2%，前后两次称量时间间隔为 2 h），称其质量 m_0，并检查外观，将缺棱掉角和裂纹做标记。

（3）将试样浸在 10～20 ℃的水中，24 h 后取出，用湿布拭去表面水分，以大于 20 mm 的间距大面侧向立放于预先降温至 −15 ℃以下的冷冻箱中。

（4）当箱内温度再降至 −15 ℃时开始计时，在 −15～−20 ℃下冰冻：烧结砖冻 3 h；非烧结砖冻 5 h。然后取出放入 10～20 ℃的水中融化：烧结砖为 2 h；非烧结砖为 3 h。如此为一次冻融循环。

（5）每 5 次冻融循环检查 1 次冻融循环过程中出现的破坏情况，如冻裂、缺棱、掉角、剥落等。

（6）冻融循环后，检查并记录试样在冻融循环过程中的冻裂长度、缺棱掉角和剥落等破坏情况。

（7）经冻融循环后的试样，放入鼓风干燥箱，按第（2）步的规定干燥至恒重，称其质

量 m_1。

（8）若在试件冻融过程中发现试件明显破坏，应停止本组样品的冻融试验，并记录冻融次数，判定本组样品冻融试验不合格。

（9）干燥后的试样和未经冻融的强度对比试样按 7.5 节的规定进行抗压强度试验。

7.9.3　试验结果的计算与评定

（1）外观结果：冻融循环结束后，检查并记录试样在冻融循环过程中的冻裂长度、缺棱掉角和剥落等破坏情况。

（2）强度损失率按式(7-9)计算。

$$P_m = (P_0 - P_1)/P_0 \times 100\% \qquad (7\text{-}9)$$

式中　P_m——强度损失率；

　　　P_0——试样冻融前强度，MPa；

　　　P_1——试样冻融后强度，MPa。

（3）质量损失率按式(7-10)计算。

$$G_m = (m_0 - m_1)/m_0 \times 100\% \qquad (7\text{-}10)$$

式中　G_m——质量损失率；

　　　m_0——试样冻融前质量，kg；

　　　m_1——试样冻融后干质量，kg。

试验结果以试样冻后抗压强度或抗压强度损失率、冻后外观质量或质量损失率表示与评定。

第8章 砂浆试验

8.1 概述

本章试验内容有砂浆的拌和方法、新拌砂浆的稠度和分层度、硬化砂浆的抗压强度试验。

8.1.1 试验依据

试验依据:《砌筑砂浆配合比设计规程》(JGJ/T 98—2010)、《建筑砂浆基本性能试验方法标准》(JGJ/T 70—2009)。

8.1.2 主要仪器设备

(1) 磅秤:精度为砂、石灰膏质量的±1%;

(2) 台秤、天平:精度为水、水泥、外加剂质量的±0.5%;

(3) 砂浆搅拌机、铁板、铁铲、抹刀等。

8.1.3 试件制作

8.1.3.1 一般规定

(1) 制备砂浆环境条件:室内的温度应保持在(20±5) ℃,所用材料的温度应与实验室温度保持一致。当需要模拟施工条件下所用的砂浆时,所用原材料的温度应与施工现场保持一致,且搅拌方式宜与施工条件相同。

(2) 原材料:

① 水泥:水泥砂浆强度等级不宜大于 32.5 级,水泥混合砂浆强度等级不宜大于42.5 级。

② 砂:砌筑砂浆宜选用中砂,毛石砌体宜选用粗砂,且含泥量不应超过 5%。

③ 石灰膏:生石灰熟化时间不得少于 7 d,生石灰粉熟化时间不得少于 2 d。稠度应为(120±5) mm。严禁使用脱水硬化的石灰膏。

(3) 搅拌量与搅拌时间:搅拌量不应小于搅拌机额定搅拌容量的1/4,搅拌时间不宜少于 2 min。

(4) 原材料的称量精度:砂、石灰膏为±1%,水、水泥、外加剂为±0.5%。

8.1.3.2 拌制方法与步骤

(1) 人工拌和方法

① 将称好的砂子放在铁板上,加上所需的水泥,用铁铲拌至颜色均匀为止。

② 将拌匀的混合料集中成圆锥形,在锥上制作凹坑,再倒入适量的水将石灰膏或黏土膏稀释,然后与水泥和砂共同拌和,逐次加水,仔细拌和均匀,水泥砂浆每翻拌一次,用铁铲压切一次。

③ 拌和一般需 5 min,使其色泽一致。

(2)机械搅拌方法

① 机械搅拌时,应先拌适量砂浆,使搅拌机内壁黏附一薄层砂浆。

② 将称好的砂、水泥装入砂浆搅拌机。

③ 启动砂浆搅拌机,将水徐徐加入(混合砂浆需将石灰膏或黏土膏稀释至浆状),搅拌时间约 3 min,使物料拌和均匀。

④ 将砂浆拌合物倒在铁板上,再用铁铲翻拌两次,使之均匀。

8.2　砂浆稠度试验

8.2.1　主要仪器设备

(1)砂浆稠度仪:试锥高度为 145 mm、锥底直径为 75 mm,试锥及滑杆质量为 300 g,如图 8-1 所示。

(2)捣棒:直径为 10 mm、长度为 350 mm。

(3)小铲、秒表等。

8.2.2　试验方法及步骤

(1)将拌好的砂浆一次装入圆锥筒,装至距离筒口约 10 mm,用捣棒捣 25 次,然后将筒轻轻振动或敲击 5～6 下,使之表面平整,随后移置砂浆稠度仪台座上。

(2)调整试锥的位置,使其尖端和砂浆表面接触,并对准中心,拧紧固定螺丝,将指针调至刻度盘零点,然后突然放开固定螺丝,使圆锥体自由沉入砂浆,10 s 后读取下沉的距离,即砂浆的稠度值,精确至 1 mm。

(3)圆锥筒内砂浆只允许测定一次稠度,重复测定时应重新取样。

8.2.3　试验结果的计算与评定

(1)砂浆稠度取两次测定结果的算术平均值,如果两次测定值之差大于 10 mm,应重新配料测定。

(2)砌筑砂浆的稠度要求见表 8-1。

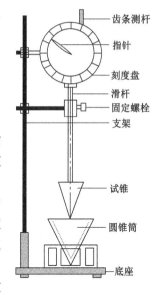

齿条测杆
指针
刻度盘
滑杆
固定螺栓
支架
试锥
圆锥筒
底座

图 8-1　砂浆稠度仪

表 8-1　砌筑砂浆的稠度要求

砌体种类	砂浆稠度/mm
烧结普通砖砌体	79～90
轻骨料混凝土小型空心砌块	60～90
烧结多孔砖、空心砖砌体	50～80
烧结普通砖平拱式过梁、空斗墙、筒拱、普通混凝土小型空心砌块砌体、加气混凝土砌块砌体	50～70
石砌体	30～50

8.3　砂浆分层度试验

8.3.1　主要仪器设备

（1）砂浆分层度测定仪：如图 8-2 所示；
（2）小铲、木槌等。

8.3.2　试验方法与步骤

（1）测试得出拌和好的砂浆稠度 K_1，精确至 1 mm。
（2）再把砂浆一次注入分层度测定仪，装满后用木槌在四周 4 个不同位置敲击容器 1～2 下，刮去多余砂浆并抹平。
（3）静置 30 min 后去除上层 200 mm 砂浆，然后取出底层 100 mm 砂浆重新拌和均匀，再测定砂浆稠度值 K_2，精确至 1 mm。

两次砂浆稠度值的差值 $K_2 - K_1$ 即砂浆的分层度。

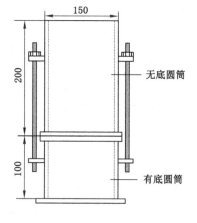

图 8-2　砂浆分层度测定仪
（单位：mm）

8.3.3　试验结果的计算与评定

砂浆分层度结果取两次试验结果的算术平均值。两次测定值之差大于 10 mm 时应重新配料测定。

砂浆的分层度宜在 10～30 mm 之间，如果大于 30 mm，易产生分层、离析、泌水等现象，如果小于 10 mm，则砂浆过黏，不易铺设，且容易产生干缩裂缝。

8.4　砂浆抗压强度试验

8.4.1　主要仪器设备

（1）压力试验机：精度为 1%；
（2）试模：70.7 mm×70.7 mm×70.7 mm，带底；

（3）振动台、捣棒、垫板、抹刀、油灰刀等。

8.4.2　试验方法与步骤

（1）试件制作

① 采用立方体试件,每组试件 3 个。

② 应用黄油等密封材料涂抹试模的外接缝,试模内涂刷薄层机油或脱模剂,将拌制好的砂浆一次性装满砂浆试模,成型方法根据稠度确定。当稠度大于等于 50 mm 时采用人工振捣成型,当稠度小于 50 mm 时采用振动台振实成型。

人工振捣:用捣棒均匀地从边缘向中心按螺旋方式插捣 25 次,插捣过程中如果砂浆沉落低于试模口,应随时添加砂浆,可用油灰刀插捣数次,并用手将试模一边抬高 5～10 mm,各振动 5 次,使砂浆高出试模顶面 6～8 mm。

机械振动:将砂浆一次装满试模,放置到振动台上,振动时试模不得跳动,振动 5～10 s 或持续到表面出浆为止;不得过振。

③ 待表面水分稍干后,将高出试模部分的砂浆沿试模顶面刮去并抹平。

（2）试件养护

① 试件制作后应在温度为(20±5) ℃的环境中静置(24±2) h,对试件进行编号、拆模。当气温较低时,或者对于凝结时间大于 24 h 的砂浆,可适当延长时间,但不应超过 2 d。

② 试件拆模后应立即放入温度为(20±2) ℃,相对湿度为 90% 以上的标准养护室养护。养护期间,试件彼此间隔不得小于 10 mm,混合砂浆、湿拌砂浆试件上面应覆盖,防止有水滴在试件上。

③ 从搅拌加水开始计时,标准养护龄期应为 28 d。

（3）测试抗压强度

① 从养护室取出并迅速擦拭干净试件,测量尺寸,检查外观。试件尺寸测量精确至 1 mm。如果实测尺寸与公称尺寸之差不超过 1 mm,可按公称尺寸进行计算。

② 将试件居中放在试验机的下压板上,试件的承压面应垂直于成型时的顶面。

③ 启动试验机,以 0.25～1.5 kN/s 加载速度加载。砂浆强度为 2.5 MPa 及以下时,取下限为宜,砂浆强度为 2.5 MPa 以上时取上限为宜。

④ 当试件接近破坏而开始迅速变形时,停止调整试验机油门直至试件破坏。记录破坏荷载 P。

8.4.3　试验结果的计算与评定

（1）按式(8-1)计算试件的抗压强度。

$$f_{m,cu} = KN_u/A \tag{8-1}$$

式中　$f_{m,cu}$——砂浆立方体抗压强度,MPa,精确至 0.1 MPa;

　　　N_u——试件破坏荷载,N;

　　　A——试件承压面面积,mm²;

　　　K——换算系数,取 1.35。

（2）立方体抗压强度试验结果按下列要求确定:

应以 3 个试件测值的算术平均值作为该组试件的砂浆立方体抗压强度平均值,精确至

0.1 MPa;当 3 个测值的最大值或最小值中有一个与中间值的差值超过中间值的 15％时,应将最大值和最小值一并舍去,取中间值作为该组试件的抗压强度;当两个测值与中间值的差值均超过中间值的 15％时,该组试验结果无效。

8.5 贯入法检测砌筑砂浆抗压强度

8.5.1 基本要求

采用贯入法检测的砌筑砂浆应符合下列规定:① 自然养护;② 龄期为 28 d 或 28 d 以上;③ 风干状态;④ 抗压强度为 0.4~16.0 MPa。

检测砌筑砂浆抗压强度时,应以面积不大于 25 m² 的砌体构件或构筑物为构件。按批抽样检测时,应取龄期相近的同楼层、同来源、同种类、同品种和同强度等级的砌筑砂浆且不大于 250 m³ 的砌体为一批,抽检数量不应少于砌体总构件数的 30％且不应少于 6 个构件。基础砌体可按一个楼层计。

被检测灰缝应饱满,其厚度不应小于 7 mm,并应避开竖缝位置、门窗洞口、后砌洞口和预埋件的边缘。检测加气混凝土砌块砌体时,其灰缝厚度应大于测钉直径。多孔砖砌体和空斗墙砌体的水平灰缝深度不应小于 30 mm。每一构件应测试 16 个点。测点应均匀分布在构件的水平灰缝上,相邻测点水平间距不宜小于 240 mm,每条灰缝测点不宜多于 2 个。

8.5.2 测试操作流程

(1) 开启贯入深度测量表,将其置于钢制平整量块上,直至扁头端面和量块表面重合,使贯入深度测量表的读数为 0(图 8-3)。

(2) 将测钉从灰缝中拔出,用橡皮吹风器将测孔中的粉尘吹干净。

(3) 将贯入深度测量表的测头插入测孔,扁头紧贴灰缝砂浆,并垂直于被测砌体灰缝砂浆的表面,从测量表中直接读取显示值 d_i 并记录。

(4) 直接读数不方便时,可按一下贯入深度测量表中的"保持"键,显示屏会记录当时的示值,然后取下贯入深度测量表读数。

当砌体的灰缝经打磨仍然难以达到平整时,可在测点处标记,贯入检测前用贯入深度测量表测读测点处的砂浆表面不平整度读数 d_i^0,然后再在测点处进行贯入检测,读取 d_i'。

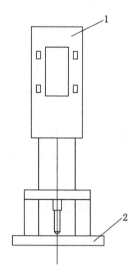

1—数字式百分表;2—钢制平整量块。

图 8-3 贯入深度测量表清零示意图

8.5.3 测试结果处理

贯入深度应按式(8-2)计算。

$$d_i = d'_i - d_i^0 \qquad (8\text{-}2)$$

式中 d_i——第 i 个测点贯入深度值,mm,精确至 0.01 mm;

$\quad\quad d_i^0$——第 i 个测点贯入深度测量表的不平整度读数,mm,精确至 0.01 mm;

$\quad\quad d'_i$——第 i 个测点贯入深度测量表读数,mm,精确至 0.01 mm。

8.6 回弹法检测砌筑砂浆抗压强度

8.6.1 基本要求

检测灰缝砂浆强度的回弹仪冲击能量很小,标称冲击动能为 0.19 J,测强原理是砂浆表面硬度与抗压强度之间具有相关性,建立砂浆强度与回弹值及碳化深度的关系曲线,并用来评定砂浆强度。

检测前,按 250 m² 砌体结构或每一楼层品种相同、强度等级相同的砂浆划分一个评定单元,每 15~20 m² 测试墙体布置 1 个测区,测区面积一般为 0.2~0.3 m²,每一个评定单元布置不少于 10 个测区,如果测区中的回弹值离散性大,应适当增加测区数量。测区宜选在有代表性的承重墙。测区灰缝砂浆表面应清洁、干燥,应清除勾缝砂浆、浮浆,用薄片砂轮将暴露的灰缝砂浆打磨平整后方可检测。

8.6.2 测试操作流程

每个测区弹击 12 点,每个测点连续弹击 3 次,前 2 次不读数,仅读取最后一次的回弹值。在测区的 12 个回弹值中,剔除一个最大值和一个最小值,计算余下 10 个值的平均值。当砂浆碳化深度小于 1.0 mm 时,测区平均回弹值应根据砂浆湿度进行修正,即乘以一个修正系数 K,K=1.17~1.21。当灰缝砂浆干燥时取小值,潮湿时取大值;当砂浆碳化深度大于 1.0 mm 时,无须修正。

灰缝碳化速度的测定仍采用酚酞酒精试剂。取出部分灰缝砂浆,清除孔洞中的粉末和碎屑,但不可以用液体冲洗,立即用 1% 的酚酞酒精溶液滴入孔洞内壁边缘,外侧碳化区为无色,内侧末碳化区变成紫红色,测量有颜色交界线的深度,即碳化深度。

8.6.3 测试结果处理

根据平均回弹值、平均碳化深度,并考虑灰缝砂浆的品种和砂子的品种进行测区砂浆强度评定。测区强度计算公式见表 8-2。表中,$\overline{L}_i$ 为平均碳化深度;R 为测区平均回弹值;K_2 为强度干湿修正系数,K_2=1.06~1.18,灰缝干燥时取小值,潮湿时取大值。

各评定单元砌体灰缝砂浆强度的评定值,取该评定单元所有测区强度的平均值。评定单元砂浆强度的均质性,可根据测区砂浆强度变异系数进行区分。强度变异系数 C_v,由单元砂浆测区平均强度 f_n 和强度标准差按式(8-3)计算。

$$C_v = \frac{s}{f_n} \qquad (8\text{-}3)$$

变异系数 $C_v \leqslant 0.25$ 时,砂浆强度均质性较好;当 $0.25 < C_v < 0.4$ 时,砂浆强度均质性一般;当 $C_v \geqslant 0.4$ 时,砂浆强度均质性较差。

表 8-2 已知砂子、砂浆品种的测区强度计算

砂子品种，砂浆品种	$\overline{L}_i \leqslant 1.0$ mm	1.0 mm$<\overline{L}_i<3.0$ mm	$\overline{L}_i \geqslant 3.0$ mm
细砂，水泥砂浆	$f_{ni}=\dfrac{1.99\times10^{-7}R^{5.14}}{K_2}$	$f_{ni}=\dfrac{1.46\times10^{-3}R^{2.73}}{K_2}$	$f_{ni}=\dfrac{2.56\times10^{-6}R^{4.50}}{K_2}$
细砂，混合砂浆	$f_{ni}=\dfrac{2.41\times10^{-4}R^{3.22}}{K_2}$	$f_{ni}=\dfrac{8.27\times10^{-4}R^{2.92}}{K_2}$	$f_{ni}=\dfrac{4.30\times10^{-5}R^{3.76}}{K_2}$
中砂，水泥砂浆	$f_{ni}=\dfrac{9.82\times10^{-6}R^{4.22}}{K_2}$	$f_{ni}=\dfrac{5.61\times10^{-6}R^{4.32}}{K_2}$	
中砂，混合砂浆	$f_{ni}=\dfrac{9.92\times10^{-5}R^{3.53}}{K_2}$	$f_{ni}=\dfrac{8.59\times10^{-7}R^{4.91}}{K_2}$	

第 9 章　钢 材 试 验

9.1　概述

本章试验内容包括建筑用钢的基本性能试验和金属材料的硬度试验。

9.1.1　试验依据

试验依据:《金属材料 拉伸试验 第 1 部分:室温试验方法》(GB/T 228.1—2010)、《金属材料 弯曲试验方法》(GB/T 232—2010)、《钢筋混凝土用钢 第 1 部分:热扎光圆钢筋》(GB 1499.1—2017)、《钢筋混凝土用钢 第 2 部分:热轧带肋钢筋》(GB 1499.2—2018)、《金属材料 洛氏硬度试验 第 1 部分:试验方法》(GB/T 230.1—2018)、《金属材料 夏比摆锤冲击试验方法》(GB/T 229—2007)、《型钢验收、包装、标志及质量证明书的一般规定》(GB/T 2101—2017)、《钢及钢产品 交货一般技术要求》(GB/T 17505—2016)、《钢筋焊接接头试验方法标准》(JGJ/T 27—2014)。

9.1.2　试件制作

(1) 组批:同一牌号、炉罐号和规格组成的钢筋批验收时,每批不大于 60 t;由同一牌号、冶炼方法和浇注方法的不同炉罐号组成混合批验收时,每批不大于 60 t,各炉罐号含碳量之差应不大于 0.02%,含锰量之差应不大于 0.15%。

(2) 钢筋的拉伸试验和弯曲试验均取 2 根,可任选 2 根钢筋切取。

(3) 钢筋试样制作时不允许进行车削加工。

(4) 试验一般在 10～35 ℃温度下进行。

(5) 取样方法和结果评定规定:自每批钢筋中任意抽取 2 根,分别做拉伸试验和弯曲试验。如果其中有一个项目不合格,取双倍试样重做该项目试验,如仍有不合格,则判定为不合格。

9.2　钢筋拉伸试验

9.2.1　主要仪器设备

(1) 万能材料试验机:精度为 1%;

(2) 钢板尺:精度为 1 mm;

(3) 天平:精度为 1 g;

（4）游标卡尺、千分尺、钢筋标点机等。

9.2.2 试件的制作与准备

（1）测量试样的实际直径 d_0 和实际横截面面积 S_0。

① 光圆钢筋：可在标点的两端和中间 3 等处，用游标卡尺或千分尺分别测量 2 个互相垂直方向的直径，精确至 0.1 mm，计算 3 处截面的平均直径，精确至 0.1 mm，再按 $S_0 = \dfrac{1}{4}\pi d_0^2$ 分别计算钢筋的实际横截面面积，取 4 位有效数字。实际直径 d_0 和实际横截面面积 S_0 分别取 3 个值的最小值。

② 带肋钢筋：

a. 用钢尺测量试样的长度 L，精确至 1 mm。

b. 称量试样的质量 m，精确至 1 g。

c. 按 $S_0 = \dfrac{m}{\rho L} = \dfrac{m}{7.85 L} \times 1\,000$ 计算实际横截面面积，取 4 位有效数字。

（2）确定原始标距 L_0：$L_0 = 5.5\sqrt{S_0} = 5.65\sqrt{\dfrac{1}{4}\pi d_0^2}$，修约至最接近 5 mm 的倍数。

（3）根据原始标距 L_0、公称直径 d 和试验机夹具长度 h 确定截取钢筋试样的长度 L。L 应大于 $L_0 + 1.5d + 2h$，若需测试最大力总伸长率则应增大试样长度。

（4）在试样中部用标点机标点，相邻两点之间的距离可为 10 mm 或 5 mm，如图 9-1 所示。

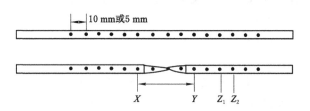

图 9-1　断后伸长率测试

9.2.3 试验方法与步骤

（1）按试验机操作使用要求选用试验机。

（2）将试样固定在试验机夹头内，开机均匀拉伸。拉伸速度要求：屈服前，6～60 MPa/s；屈服期间，试验机活动夹头的移动速度为 0.015(L−2h)/min～0.15(L−2h)/min；屈服后，试验机活动夹头的移动速度为不大于 0.48(L−2h)/min，直至试件拉断。

（3）拉伸过程中，可根据荷载-变形关系曲线或指针的运动，直接读取或者通过软件获得屈服荷载 F_s(N) 和极限荷载 F_b(N)。

（4）将已拉断试件的两段，在断裂处对齐，使其轴线位于一条直线上。测试断后标距 L_u 或 L'。

① 断后伸长率

a. 以断口处为中点，分别向两侧数出标距对应的格数，用卡尺直接量出断后标距 L_u，精确至 0.25 mm，如图 9-1 所示。

b. 若短段断口与最外标记点距离小于原始标距的 $1/3$,则可采用移位方法进行测量。短段上最外点为 X,在长段上取短段格数相同点 Y。原始标距 L_0 所需格数减去 XY 段所含格数得到剩余格数:为偶数时取剩余格数的一半,得 Z_1 点;为奇数时取所余格数减 1 的一半的格数得 Z_1 点,加 1 的一半的格数得 Z_2 点。

例:设标点间距为 10 mm。若原始标距 $L_0 = 60$ mm,则量取断后标距 $L_u = XY$;若 $L_0 = 70$ mm,断后标距 $L_u = XY + YY + YZ_1 = XY + YZ_1$;若 $L_0 = 80$ mm,断后标距 $L_u = XY + 2YZ_1$;若 $L_0 = 90$ mm,断后标距 $L_u = XY + YZ_1 + YZ_2$。

c. 在工程检验中,若断后伸长率满足规定值要求,则不论断口位于何处,测量均有效。

② 最大力总伸长率

a. 采用引伸计或自动采集时,根据荷载-变形关系曲线或应力-应变关系曲线,可得到最大力时的伸长量,经计算得到最大力总伸长率,或直接得到最大力总伸长率。

b. 在长段选择标记 Y 和 V,测量 YV 的长度 L',精确至 0.1 mm,YV 在拉伸试验前长度 L'_0 应不小于 100 mm,其他要求如图 9-2 所示。

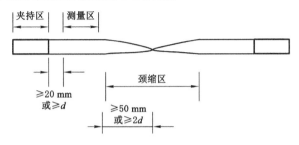

图 9-2　最大力总伸长率测试

9.2.4　试验结果的计算与评定

(1) 按式(9-1)计算屈服强度 R_{eL},修约至 5 MPa。

$$R_{eL} = \frac{F_s}{S_0} \quad \text{或} \quad R_{eL} = \frac{F_s}{S} \tag{9-1}$$

式中　F_s——屈服荷载,N;

　　　S_0——实际横截面面积;

　　　S——公称面积,mm²,取 4 位有效数字,工程检验时采用。

(2) 按式(9-2)计算抗拉强度 R_m,修约至 5 MPa。

$$R_m = \frac{F_b}{S_0} \quad \text{或} \quad R_{eL} = \frac{F_b}{S} \tag{9-2}$$

式中　F_b——屈服荷载,N;

　　　S——公称面积,mm²,取 4 位有效数字,工程检验时采用。

(3) 按式(9-3)计算断后伸长率 A,修约至 0.5%。

$$A_{gt} = \frac{L_u - L_0}{L_0} \times 100\% \tag{9-3}$$

(4) 按式(9-4)计算最大力总伸长率 A_{gt},修约至 0.5%。

$$A_{gt} = \frac{L' - L'_0}{L'_0} \times 100\% \tag{9-4}$$

（5）根据规定要求,判定试验结果。屈服强度、抗拉强度、断后伸长率、最大力总伸长率要求见表 9-1。

表 9-1　屈服强度、抗拉强度、断后伸长率、最大力总伸长率、弯曲性能要求

产品名称	牌号	屈服强度 $R_{\mathrm{cL}}/\mathrm{MPa}$	抗拉强度 $R_{\mathrm{m}}/\mathrm{MPa}$	断后伸长率 $A/\%$	最大力总伸长率 $A_{\mathrm{gt}}/\%$	弯曲性能（弯曲角度:180°,弯芯直径 d'）
热轧光圆钢筋	HPB235	≥235	≥370	≥25.0	≥10.0	d
	HPB300	≥300	≥420	≥25.0	≥10.0	d
普通热轧带肋钢筋	HRB335	≥335	≥455	≥17.0	≥7.5	$3d$
	HRB400	≥400	≥540	≥16.0	≥7.5	$4d$
	HRB500	≥500	≥630	≥15.0	≥7.5	$6d$
细晶粒热轧带肋钢筋	HRB335	≥335	≥455	≥17.0	≥7.5	$3d$
	HRB400	≥400	≥540	≥16.0	≥7.5	$4d$
	HRB500	≥500	≥630	≥15.0	≥7.5	$6d$

注:表中热轧带肋钢筋直径为 28～40 mm 时断后伸长率 A 可降低 1%,直径大于 40 mm 时断后伸长率 A 可降低 2%。

9.3　钢筋弯曲试验

9.3.1　主要仪器设备

万能试验机或弯曲试验机、冷弯压头等。

9.3.2　试验方法及步骤

（1）试件长度根据试验设备确定,一般可取 $5d+150$ mm,d 为公称直径。

（2）按表 9-1 确定弯芯直径 d' 和弯曲角度。

（3）调整两支辊间距离等于 $d'+2.5d$,如图 9-3(a)所示。

（4）装置试件后,平稳地施加荷载,弯曲到要求的弯曲角度,如图 9-3 所示。

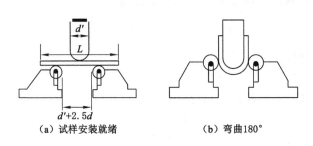

（a）试样安装就绪　　　（b）弯曲180°

图 9-3　钢筋冷弯试验装置

9.3.3 结果评定

检查试件弯曲处的外缘及侧面,如无裂缝、断裂或起层,判定弯曲性能合格。

9.4 钢材冲击韧性试验

冲击韧性是指材料在冲击载荷作用下吸收塑性变形功和断裂功的能力,反映材料内部的细微缺陷和抗冲击性能。冲击韧度指标的实际意义在于揭示材料的变脆倾向,反映金属材料对外来冲击负荷的抵抗能力,一般由冲击韧性值和冲击功表示,其单位分别为 J/cm² 和 J。影响钢材冲击韧性的因素包括材料的化学成分、热处理状态、冶炼方法、内在缺陷、加工工艺及环境温度。

9.4.1 主要仪器设备

(1) 冲击试验机(图 9-4)、游标卡尺。

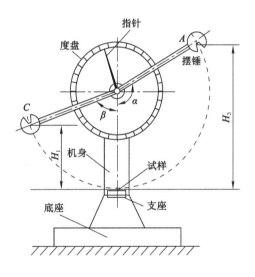

图 9-4 摆锤式冲击试验机

(2) 摆锤刀刃:半径有 2 mm 和 8 mm 两种,参照相关产品标准选用。

9.4.2 试验方法及步骤

(1) 检查摆锤空打时的回零差或空载耗能。

(2) 检查砧座跨距,砧座跨距应保持在 $40^{+0.2}$ mm。

(3) 测量试样的几何尺寸和缺口处的横截面尺寸。

(4) 根据估计材料冲击韧性来选择试验机的摆锤和表盘。

(5) 安装试样,试样应紧贴试验机砧座,如图 9-5 所示。

(6) 进行试验。将摆锤举起至高度 H_3 处并锁住,然后释放摆锤,冲断试样后,待摆锤扬起到最大高度 H_1,再回落时,立即刹车,使摆锤停住。

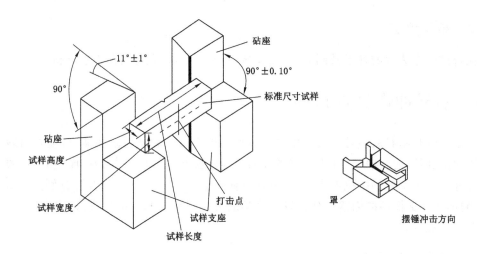

图 9-5 试样与摆锤冲击试验机支座及砧座相对位置示意图

（7）记录表盘上所示的冲击功 A_K 值。取下试样，观察断口。试验完毕，将试验机复原。

9.4.3 试验结果的计算与确定

摆锤在 A 处所具有的势能为：

$$E = GH = GL(1 - \cos \alpha) \tag{9-5}$$

冲断试样后，摆锤在 C 处所具有的势能为：

$$E_1 = Gh = GL(1 - \cos \beta) \tag{9-6}$$

势能之差 $E - E_1$，即冲断试样所消耗的冲击功 A_K：

$$A_K = E - E_1 = GL(\cos \beta - \cos \alpha) \tag{9-7}$$

式中 G——摆锤重力，N；

$\quad\quad L$——摆长（摆轴到摆锤重心的距离），mm；

$\quad\quad \alpha$——冲断试样前摆锤扬起的最大角度，(°)；

$\quad\quad \beta$——冲断试样后摆锤扬起的最大角度，(°)。

9.5 钢材洛氏硬度试验

9.5.1 主要仪器设备

洛氏硬度试验机，如图 9-6 所示。

9.5.2 试验方法及步骤

（1）对试样进行表面处理，使粗糙度达到试验要求，当受热或冷加工时应使其对表面影响减至最小。

（2）根据试件的硬度要求，选用试验压头类型和试验力。

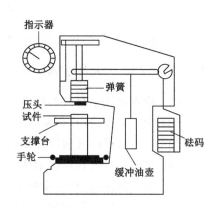

图 9-6 洛氏硬度试验机

（3）将试样稳固地放置在试台上，压头轴线与试样表面垂直，并保证在试验过程中不产生位移和变形。

（4）无冲击和振动地施加初始试验力。

（5）调整示值指示至零点后，在 2～8 s 内施加全部总试验力，总试验力的保持时间为（4±2）s。

（6）达到要求的保持时间后，平稳地卸除主试验力，保持初始试验力，读取硬度值，至少精确至 0.5HRC。

（7）每个试件测试 4 个硬度值。

9.5.3 试验结果的计算与确定

将测试结果按从大到小顺序排列，去除最大值后，剩余 3 个取平均值作为钢材的洛氏硬度。

9.6 钢筋焊接接头拉伸试验

9.6.1 主要仪器设备

（1）根据钢筋的牌号和直径，应选用适配的拉力试验机或万能试验机。试验机应符合《金属材料 拉伸试验 第 1 部分：室温试验方法》(GB/T 228.1—2010)中的有关规定。

（2）夹紧装置应根据试样规格选用，在拉伸试验过程中不得与钢筋产生相对滑移，夹持长度可按试样直径确定。钢筋直径不大于 20 mm 时，夹持长度宜为 70～90 mm；钢筋直径大于 20 mm 时，夹持长度宜为 90～120 mm。

（3）预埋件钢筋 T 形接头拉伸试验夹有两种，可采用《金属材料 拉伸试验 第 1 部分：室温试验方法》(GB/T 228.1—2010)附录 A 的式样。使用时，夹具拉杆（板）应夹紧于试验机的上钳口，试样的钢筋应穿过垫块（板）中心孔夹紧于试验机的下钳口内。

9.6.2 试验方法及步骤

（1）对试样进行轴向拉伸试验时，加载应连续平稳，试验速率应符合《金属材料 拉伸试验 第 1 部分：室温试验方法》(GB/T 228.1—2010)中的有关规定，将试样拉至断裂（或出现颈缩），自动采集最大力或从测力盘上读取最大力，也可以从拉伸曲线图上确定试验过程中的最大力。

（2）当试样断口上出现气孔、夹渣、未焊透等焊接缺陷时，应在试样记录中注明。

9.6.3 试验结果处理

抗拉强度应按式(9-8)计算。

$$R_m = F_m/S_0 \tag{9-8}$$

式中　R_m——抗拉强度，MPa；

　　　F_m——最大荷载，N；

　　　S_0——原始试样的钢筋公称横截面面积，mm^2。

试验结果数值应修约到 5 MPa，并应按《数值修约规则与极限数值的表示和判定》(GB/T 8170—2008)执行。

第10章 沥青试验

10.1 概述

沥青是一种有机胶凝材料,能将砂、石等矿物质材料胶结成为一个整体,形成具有一定强度的沥青混凝土,广泛地应用于防水、路面、防渗墙等工程。针入度、延度和软化点分别是表征沥青的黏滞性、延性和温度敏感性的经验指标。

试验依据:《建筑石油沥青》(GB/T 494—2010)、《沥青软化点测定法 环球法》(GB/T 4507—2014)、《沥青延度测定法》(GB/T 4508—2010)、《沥青针入度测定法》(GB/T 4509—2010)、《公路工程沥青及沥青混合料试验规程》(JTG E20—2011)。

10.2 针入度试验

通过对针入度的测定可以确定石油沥青的稠度,针入度越大说明稠度越小,同时它也是划分沥青牌号的主要指标。

10.2.1 主要仪器设备

(1)沥青针入度仪:如图10-1所示。

(2)试样皿:属圆筒形平底容器。针入度小于40时,试样皿内径为33 mm,内部深度为16 mm;针入度小于200时,试样皿内径为55 mm,内部深度为35 mm;针入度为200~500时,试样皿内径55 mm,内部深度70 mm。

(3)标准钢针、恒温水浴、平底玻璃皿、秒表、温度计等。

10.2.2 试样准备

(1)小心加热样品,不断搅拌以防止局部过热,加热到样品易于流动。加热时焦油沥青的加热温度不超过软化点的60 ℃,石油沥青的不超过软化点的90 ℃。加热时间在保证样品充分流动的基础上尽量短。加热、搅拌过程中避免气泡进入试样。

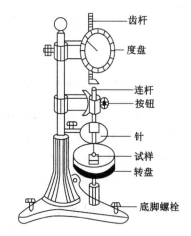

图 10-1 沥青针入度仪

(2)将试样倒入预先选好的试样皿,试样深度应至少是预计锥入深度的120%。如果试样皿的直径小于65 mm,而预期针入度高于200,每种试验条件都要做3个样品。如果样品足够,浇注的样品要达到试样皿边缘。

(3)将试样皿松松地盖住以防灰尘落入。在15~30 ℃室温下,小的试样皿中的样品冷却

0.75～1.5 h,中等试样皿中的样品冷却 1～1.5 h,较大的试样皿中的样品冷却 1.5～2.0 h。冷却结束后将试样皿和平底玻璃皿一起放入测试温度水浴,水面应没过试样表面 10 mm 以上。在规定的试验温度下恒温,小试样皿恒温 0.75～1.5 h,中等试样皿恒温 1～1.5 h,大试样皿恒温 1.5～2.0 h。

10.2.3　试验方法与步骤

（1）调整底脚螺丝使三角底座水平。

（2）用溶剂将针上附着的沥青洗掉,再用干布擦干,然后将针插入连杆固定。

（3）取出恒温的试样皿,置于水温为 25 ℃的平底保温皿,试样以上的水层高度大于 10 mm,再将保温皿置于转盘上。

（4）调节针尖与试样表面恰好接触,移动齿杆与连杆顶端接触时,将度盘指标调至"0"。

（5）用手紧压按钮,同时启动秒表,使针自由插入试样,5 s 后放开按钮使针停止下沉。

（6）拉下齿杆使之与连杆顶端接触,读取指针读数,即试样的针入度,精度取 1/10 mm。

（7）在试样的不同地方重复试验 3 次,测点间及与金属皿边缘的距离不小于 10 mm;每次试验用溶剂将针尖端的沥青擦净。

10.2.4　试验结果的计算与评定

（1）针入度取 3 次试验结果的算术平均值,取整数。3 次试验所测针入度的最大值与最小值之差不应超过表 10-1 的规定,否则重测。

表 10-1　石油沥青针入度测定值的最大允许差值

针入度（精度为 1/10 mm）	0～49	50～149	150～249	250～350	350～500
最大允许差值	2	4	6	8	20

（2）建筑石油沥青按针入度要求划分牌号,见表 10-2。

表 10-2　建筑石油沥青针入度、延度、软化点要求

项目	质量指标		
	10 号	20 号	30 号
针入度（精度为 1/10 mm）	10～25	26～35	36～50
延度/mm	≥1.5	≥2.5	≥3.5
软化点/℃	≥95	≥75	≥60

10.3　延度试验

延度是沥青的塑性指标,是沥青成为柔性防水材料的最重要性能之一。

10.3.1　主要仪器设备

（1）沥青延度仪及模具:如图 10-2 所示;

（2）瓷皿、温度计、砂浴、隔离剂等。

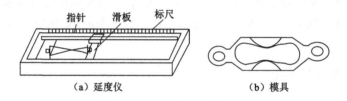

图 10-2　沥青延度仪及模具

10.3.2　试样制备

（1）将隔离剂涂于金属板上和侧模的内侧面，然后将试模卡紧在金属垫板上。

（2）均匀加热沥青使之能流动，将其从模一端至另一端往返注入，沥青略高出模具。

（3）试件在空气中冷却 30～40 min 后，再将试件及模具置于温度为（25±0.5）℃水浴 30 min，取出后用热刀将多余沥青刮去，至与模平。再将试件及模具放入水浴恒温 85～95 min。

10.3.3　试验方法及步骤

（1）去除底板和侧模，将试件装在延度仪上。试件距水面和水底的距离不小于 2.5 cm。

（2）调整延度仪水温至（25±0.5）℃，开机以（5±0.25）cm/min 的速度拉伸，观察沥青的延伸情况。沥青细丝浮于水面或沉入槽底时，加入酒精或食盐水，调整水的密度与试样的密度相接近后再测定。

（3）试件拉断时，试样从拉伸到断裂所经过的距离即试样的延度，以 cm 表示。

10.3.4　试验结果的计算与评定

延度值取 3 个平行试样测试结果的算术平均值。如果 3 个试样的测得值与平均值之差不在其平均值的 5% 范围内，但是 2 个较高值在平均值的 5% 范围内，则取 2 个较高值的平均值，否则重做。

10.4　软化点试验

软化点是反映沥青在温度作用下黏度和塑性改变程度的指标，是不同环境下选用沥青的最重要指标之一。

10.4.1　主要仪器设备

（1）沥青软化点仪：如图 10-3 所示；

（2）电炉、烧杯、测定架等。

10.4.2　试验准备

（1）将沥青均匀加热至流动状态，注入铜环内至略高出环面。

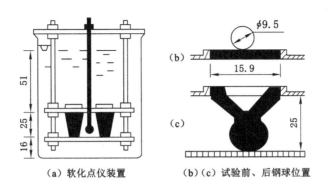

图 10-3　沥青软化点仪(单位:cm)

（2）在空气中冷却不少于 30 min 后,用热刀刮去多余的沥青至与环面齐平。

（3）将铜环安在环架中层板的圆孔内,与钢球一起放在水温为(5±1)℃的烧杯中,恒温 15 min。

（4）烧杯内重新注入新煮沸约 5 ℃的蒸馏水,使水面略低于连接杆上的深度标记。软化点高于 80 ℃的用甘油浴,同时起始温度也提高到(30±1)℃。

10.4.3　试验方法及步骤

（1）放上钢球并套上定位器。调整水面至标记,插入温度计,使水银球与铜环下齐平。

（2）在装置底部以(5±0.5)℃/min 的速度加热。

（3）试样软化下坠,当与支撑板接触时,分别记录温度,为试样的软化点,精确至 0.5 ℃。

10.4.4　试验结果的计算与评定

（1）试验结果取 2 个平行试样测定结果的平均值,两个数值之差不得大于 1 ℃。

（2）建筑石油沥青软化点要求见表 10-2。

10.5　沥青闪点与燃点试验

10.5.1　主要仪器设备

克利夫兰开口杯式闪点仪(图 10-4),主要由以下部分组成:克利夫兰开口杯、加热板、温度计、点火器、铁支架和带有调节器的 1 kW 电炉。

10.5.2　试验准备

（1）将试样杯用溶剂洗净、烘干,装置于支架上。加热板放在可调节电炉上。

（2）安装温度计,垂直插入试样杯,温度计的水银球距杯底约 6.5 mm,位置在与点火器相对一侧距杯边缘约 16 mm。

（3）将准备好的沥青试样注入试样杯中标线处,并使试样杯外部不沾有沥青。

（4）全部装置应置于室内光线较暗且无显著空气流通的地方,并用防风屏三面围护。

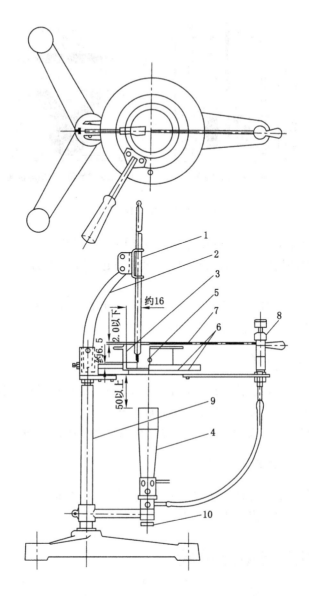

1—温度计;2—温度计支架;3—金属试验杯;4—加热器具;5—试验标准球;6—加热板;
7—试验火焰喷嘴;8—试验火焰调节开关;9—加热板支架;10—加热器调节钮。

图 10-4　克利夫兰开口杯式闪点仪

　　(5) 将点火器转向一侧,试验点火,调整火苗成标准球的形状或直径为(4±0.8) mm 的小球形试焰。

10.5.3　试验方法及步骤

　　(1) 开始加热试样,升温速度迅速达到 14～17 ℃/min。待试样温度达到预期闪点前 56 ℃时,调节加热器降低升温速度,以便在预期闪点前 28 ℃时能使升温速度控制在(5.5± 0.5) ℃/min。

（2）试样温度达到闪点前 28 ℃时开始，每隔 2 ℃将点火器的试焰沿试验杯口中心 150 mm 半径作弧水平扫过一次；从试验杯口的一边到另一边所经过的时间约 1 s。此时应确认点火器的试焰为(4±0.8) mm 的火球，并位于坩埚口上方 2~2.5 mm 处。

（3）当试样液面上最初出现一瞬间即灭的蓝色火焰时，立即从温度计上读取温度，作为试样的闪点。

（4）继续加热，保持试样升温速度为(5.5±0.5) ℃/min，并按上述操作要求用点火器点火试验。

（5）当试样接触火焰立即着火并能迅速燃烧不少于 5 s 时，停止加热，并读取温度计上的温度，作为试样的燃点。

10.5.4　试验结果的计算与评定

（1）同一试样至少平行试验 2 次，2 次测得的结果的差值不超过重复性试验允许误差 8 ℃时，取其平均值的整数作为试验结果。

（2）当试验时大气压力在 95.3 kPa 以下时，应对闪点或燃点的试验结果进行修正。

（3）重复性试验的允许误差为：闪点 8 ℃、燃点 8 ℃；再现性试验的允许误差为：闪点 16 ℃、燃点 16 ℃。

第 11 章　沥青混合料试验

11.1　概述

本章试验内容有沥青混合料物理指标、马歇尔稳定度试验。

试验依据:《公路工程沥青及沥青混合料试验规程》(JTG E20—2011)。

11.2　主要仪器设备

(1) 沥青混合料拌和机:如图 11-1 所示;

(2) 击实仪、标准击实台、脱模器、烘箱、天平、毛细管黏度计等。

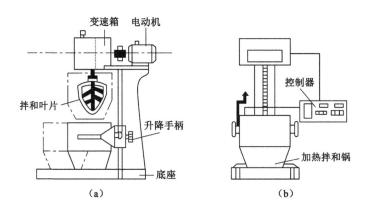

图 11-1　沥青混合料拌和机

11.3　试件制备

(1) 将各种规格的矿料置于(105±5) ℃的烘箱中烘干至恒重。

(2) 分别测定不同粒径粗、细集料及填料(矿粉)的密度,并测定沥青的密度。

(3) 按每个试件设计级配要求称量,在一金属盘中混合均匀,矿粉单独加热,置于烘箱中预热至高于沥青拌和温度约 15 ℃,沥青加热至拌和温度。

(4) 用沾有黄油的棉纱擦净试模、套筒及击实座等,置于 100 ℃左右烘箱中加热 1 h 备用。

(5) 将沥青混合料拌和机预热至高于拌和温度 10 ℃左右备用。

11.4 试验方法及步骤

（1）将预热的粗细料置于拌和机中，适当混合后加入沥青，开机边搅拌边将拌和叶片插入混合料，拌和 1～1.5 min 后暂停，加入矿粉，继续拌和至均匀。总拌和时间为 3 min。

（2）均匀称取一个试件所需的拌好的沥青混合料约 1 200 g。

（3）再用沾有黄油的棉纱擦拭预热的套筒、底座及击实锤底面，将试模装在底座上，垫一张吸油性弱的圆纸，按四分法从四个方向将混合料铲入试模，用插刀沿周边插捣 15 次，中间 10 次。最后将沥青混合料表面整成凸圆弧面。

（4）插入温度计至混合料中心附近，检查混合料温度。

（5）温度符合要求后，将试模连同底座放在击实台上固定，在装好的混合料上面垫一张吸油性小的圆纸，再将装有击实锤及导向棒的压实头插入试模，然后开启击实仪击实至规定次数。

（6）试件击实一面后，将试模掉头后以同样的方式和次数击实另一面。

（7）击实完成后，取掉上、下面的纸，用卡尺量取试件离试模上口的高度并由此计算试件高度，如果高度不符合要求，则试件作废，并调整试件的混合料数量，使高度符合要求。

（8）卸去套筒和底座，将装有试件的试模横向放置，冷却至室温后脱模。再将试件置于干燥洁净的平面上，在室温下静置 12 h 以上供试验用。

11.5 沥青混合料物理指标试验（表干法）

表干法适合于测试吸水率不大于 2% 的沥青混合料试件的毛体积密度和相对毛体积密度，并以此计算试件的最大理论相对密度、空隙率等指标。

11.5.1 主要仪器设备

（1）浸水天平：称量为 3 kg 以下，精度为 0.1 g；称量为 3～10 kg，精度为 0.5 g；称量为 10 kg 以上，精度为 5 g。

（2）试件悬吊装置，如图 11-2 所示。

（3）网篮、溢流水箱等。

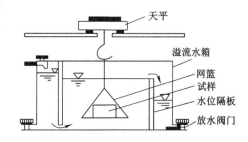

图 11-2 试件悬吊装置

11.5.2 试验方法及步骤

（1）除去试件表面的浮粒，称取干燥试件在空气中的质量 m_a，精确至天平精度值。

（2）挂上网篮，浸入溢流水箱，调节好水位后将天平调零。

（3）将试件置于网篮中，浸水 3～5 min 后称取水中质量 m_w，精确至天平精度值。

（4）取出试件，用洁净柔软的拧干湿毛巾擦去试件的表面水，称取试件的表干质量 m_f，精确至天平精度值。

11.5.3 试验结果的计算

(1) 按式(11-1)和式(11-2)计算毛体积相对密度 γ_f 和毛体积密度 ρ_f,取 3 位小数。

$$\gamma_f = \frac{m_a}{m_f - m_w} \tag{11-1}$$

$$\rho_f = \frac{m_a}{m_f - m_w} \rho_w \tag{11-2}$$

式中 ρ_w——25 ℃的密度,取 0.997 1 g/cm³。

(2) 计算理论最大相对密度 γ_t,取 3 位小数。

① 对于非改性的普通沥青混合料,采用真空法实测沥青混合料的理论最大密度 γ_t。

② 对于改性沥青或 SMA 混合料,可按式(11-3)或式(11-4)计算理论最大相对密度 γ_t。

$$\gamma_t = \frac{100 + P_a}{\dfrac{100}{\gamma_{se}} + \dfrac{P_a}{\gamma_b}} \tag{11-3}$$

$$\gamma_t = \frac{100 + P_a + P_x}{\dfrac{100}{\gamma_{se}} + \dfrac{P_a}{\gamma_b} + \dfrac{P_x}{\gamma_x}} \tag{11-4}$$

式中 P_a——油石比,即沥青质量占矿料总质量的百分比;

$$P_a = [P_b/(100 - P_b)] \times 100$$

P_x——纤维用量,即纤维质量占矿料总质量的百分比;

γ_x——25 ℃时纤维的相对密度;

γ_{se}——合成矿料的有效相对密度;

γ_b——25 ℃时沥青的相对密度,无量纲。

③ 按式(11-5)计算试件的空隙率 VV,%,取 1 位小数。

$$VV = \left[1 - \frac{\gamma_f}{\gamma_t}\right] \times 100 \tag{11-5}$$

④ 按式(11-6)计算试件的矿料间隙率 VMA,取 1 位小数。

$$VMA = \left(1 - \frac{\gamma_f}{\gamma_{sb}} \times \frac{P_s}{100}\right) \times 100\% \tag{11-6}$$

式中 P_s——各种矿料占沥青混合料总质量的百分比之和,%;

γ_{sb}——矿料的合成毛体积相对密度。

$$\gamma_{sb} = \frac{100}{\dfrac{P_1}{\gamma'_1} + \dfrac{P_2}{\gamma'_2} + \cdots + \dfrac{P_n}{\gamma'_n}} \tag{11-7}$$

式中 $\gamma'_1, \gamma'_2, \cdots, \gamma'_n$——各种矿料的表观相对密度。

⑤ 按式(11-8)计算试件的沥青饱和度 VFA,取 1 位小数。

$$VFA = \frac{VMA - VV}{VMA} \times 100\% \tag{11-8}$$

11.6 沥青混合料马歇尔稳定度试验

通过马歇尔稳定度试验和浸水马歇尔稳定度试验,可为沥青混合料的配合比设计提供依据或验证沥青混合料的配合比,也可检验沥青路面的施工质量。浸水马歇尔稳定度试验可用于检验沥青混合料受水损害时抵抗剥落的能力。

11.6.1　主要仪器设备

（1）沥青混合料马歇尔试验仪:如图 11-3 所示;

（2）圆柱形试件:直径为(101.6±0.2) mm、高度为(63.5±1.3) mm;

（3）恒温水槽、真空饱水容器、烘箱、天平、温度计等。

11.6.2　试验方法及步骤

（1）标准马歇尔试验

① 将试件及马歇尔试验仪的上、下压头置于规定温度的恒温水槽中保温 30~40 min。对于黏稠石油沥青混合料,水温为(60±1) ℃,对于煤沥青,水温为(33.8±1) ℃。

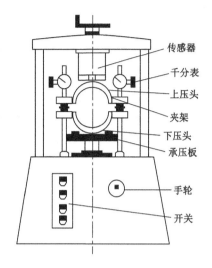

图 11-3　沥青混合料马歇尔试验仪

② 将上、下压头取出,擦拭干净内面。再将试件取出置于下压头上,盖上上压头,然后装在加载设备上。

③ 将流值测定装置安装在导棒上,使导向套管轻轻地压住上压头,同时将流值计读数调零。在上压头的球座上放好钢球,调整应力环中百分表对准零或将荷载传感器的读数复位为零。

④ 启动加载设备,以(50±5) mm/min 的速度加载。记录试验荷载达到最大值瞬间的应力环中百分表或荷载传感器读数和流值计的流值读数。

⑤ 从恒温水槽中取出试件至测取最大荷载值的时间,不得超过 30 s。

（2）浸水马歇尔试验和真空饱和马歇尔试验

① 浸水马歇尔试验是将试件在规定温度的恒温水槽中保温 48 h,其余同标准马歇尔试验。测试得出试件浸水 48 h 后的稳定度 MS_1。

② 真空饱和马歇尔试验是将试件先放入真空干燥器,干燥器的真空度为 97.3 kPa(730 mmHg)以上,维持 15 min,然后打开进水胶管,使试件全部浸入水中,15 min 后恢复常压,取出试件再放入规定温度的恒温水槽保温 48 h,其余同标准马歇尔试验。测试得出试件真空饱水浸水 48 h 后的稳定度 MS_2。

11.6.3　试验结果的计算和评定

（1）稳定度和流值

① 测得的荷载最大值即试样的稳定度 MS,精确至 0.01 kN。

② 最大荷载时试件垂直变形值,即试件的流值 FL,精确至 0.1 mm。

（2）按式(11-9)计算试件的马歇尔模数 T,kN/mm。

$$T = \frac{MS}{FL}$$

(11-9)

（3）按式(11-10)计算试件浸水残留稳定度 MS_0。

$$MS_0 = \frac{MS'_1}{MS} \times 100\%$$ (11-10)

按式(11-11)计算试件真空饱水残留稳定度 MS'_0。

$$MS'_0 = \frac{MS_2}{MS} \times 100\%$$ (11-11)

（4）试验结果的评定

试验结果取测定值的算术平均值。如果测定值中有数据与平均值之比大于标准差的 k 倍，舍弃该值后取剩余测定值的算术平均值。试件数量为 3 个、4 个、5 个和 6 个，对应的 k 值分别为 1.15、1.46、1.67 和 1.82。

第 12 章　土的基本物理力学性能试验

12.1　含水率试验

12.1.1　烘干法

12.1.1.1　主要仪器设备

本试验所用的仪器设备应符合下列规定：

(1) 烘箱：可采用电热烘箱或温度能保持在 105～110 ℃ 的其他烘箱；

(2) 电子天平：称量为 200 g，分度值为 0.01 g；

(3) 电子台秤：称量为 5 000 g，分度值为 1 g；

(4) 其他：干燥器、称量盒。

12.1.1.2　主要试验步骤

(1) 取代表性试样：细粒土 15～30 g，砂类土 50～100 g，砂砾石 2～5 kg。将试样放入称量盒，立即盖好盒盖，称量，细粒土、砂类土称量应精确至 0.01 g，砂砾石称量应精确至 1 g。当使用恒质量盒时，可先将其放置在电子天平或电子台秤上清零，再称量装有试样的恒质量盒，称量结果即湿土质量。

(2) 揭开盒盖，将试样和盒放入烘箱，在 105～110 ℃ 下烘干至恒重。烘干时间，对于黏质土，不得少于 8 h；对于砂类土，不得少于 6 h；对于有机质含量为 5%～10% 的土，应将烘干温度控制在 65～70 ℃ 恒温下烘干至恒重。

(3) 将烘干后的试样和盒取出，盖好盒盖放入干燥器冷却至室温，称取干土质量。

12.1.1.3　试验结果处理

含水率应按式(12-1)计算，计算至 0.1%。

$$w = (m_0/m_d - 1) \times 100\%　　　　　　(12\text{-}1)$$

式中　w——含水率；

m_0——湿土质量，g；

m_d——干土质量，g。

12.1.2　酒精燃烧法

12.1.2.1　主要仪器设备

本试验所用的仪器设备应符合下列规定：

(1) 电子天平：称量为 200 g，分度值为 0.01 g；

（2）酒精：纯度不低于 95%；

（3）其他：称量盒、滴管、火柴、调土刀。

12.1.2.2 主要试验步骤

（1）取代表性试样：黏土 5～10 g，砂土 20～30 g，放入称量盒，应按 12.2.1.2 规定称取湿土。

（2）用滴管将酒精注入放有试样的称量盒，直至盒中出现自由液面为止。为使酒精在试样中充分混合均匀，可将盒底在桌面上轻轻敲击。

（3）点燃盒中酒精，烧至火焰熄灭。

（4）将试样冷却数分钟，再重复燃烧 2 次。当第 3 次火焰熄灭后，立即盖好盒盖，称取干土质量。

（5）本试验称量应精确至 0.01 g。

12.1.2.3 试验结果处理

本试验应进行 2 次平行测定，计算按式（12-1）进行。

12.2　密度试验

12.2.1　环刀法

12.2.1.1　主要仪器设备

本试验所用的主要仪器设备应符合下列规定：

（1）环刀：尺寸参数应符合《岩土工程仪器基本参数及通用技术条件》（GB/T 15406—2007）及《土工试验仪器　环刀》（SL 370—2006）的规定。

（2）天平：称量为 500 g，分度值为 0.1 g；称量为 200 g，分度值为 0.01 g。

12.2.1.2　主要试验步骤

（1）按工程需要取原状土试样或制备所需状态的扰动土试样，整平其两端，将环刀内壁涂一薄层凡士林，刀口向下放在试样上。

（2）用切土刀（或钢丝锯）将土样削成略大于环刀直径的土柱。然后将环刀竖直下压，边压边削，至土样伸出环刀为止。将两端余土削去修平，取剩余的代表性土样测定其含水率。

（3）擦净环刀外壁称量，精确至 0.1 g。

12.2.1.3　试验结果处理

密度及干密度应按式（12-2）和式（12-3）计算，计算精确至 0.01 g/cm³。

$$\rho = m_0/V \tag{12-2}$$

$$\rho_d = \rho/(1 + 0.01w) \tag{12-3}$$

式中　ρ——试样的湿密度，g/cm³；

ρ_d——试样的干密度，g/cm³；

V——环刀容积，cm³。

本试验应进行 2 次平行测定,其最大允许平行差值应为 ±0.03 g/cm³,取其算术平均值。

12.2.2　蜡封法

12.2.2.1　主要仪器设备

本试验所用的主要仪器设备应符合下列规定:

（1）蜡封设备:应附熔蜡加热器。

（2）天平:称量为 500 g,分度值为 0.1 g;称量为 200 g,分度值为 0.01 g。

12.2.2.2　主要试验步骤

（1）切取约 30 cm³ 的试样。削去松浮表土和尖锐棱角后,系于细线上称量,精确至 0.01 g,取代表性试样测定含水率。

（2）持线将试样徐徐浸入刚过熔点的蜡中,待全部沉浸后,立即将试样提出。检查涂在试样四周的蜡中有无气泡存在。当有气泡时,应用热针刺破,并涂平孔口。冷却后称蜡封试样质量,精确至 0.1 g。

（3）用线将试样吊在天平(图 12-1)一端,并使试样浸没于纯水中称量,精确至 0.1 g。测记纯水的温度。

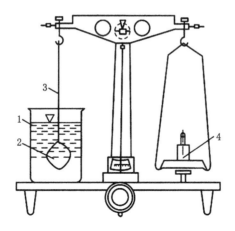

1—盛水杯;2—蜡封试样;3—细线;4—砝码。

图 12-1　天平

（4）取出试样,擦干蜡表面的水分,用天平称量蜡封试样,精确至 0.1 g。当试样质量增加时,应另取试样重做试验。

12.2.2.3　试验结果处理

湿密度及干密度应按式(12-4)和式(12-5)计算。

$$\rho = \frac{m_0}{\dfrac{m_n - m_{nw}}{\rho_{wT}} - \dfrac{m_n - m_0}{\rho_n}} \tag{12-4}$$

$$\rho_{\mathrm{d}} = \frac{\rho}{1 + 0.01w} \tag{12-5}$$

式中 m_{n}——试样加蜡质量,g;

      m_{nw}——试样加蜡在水中的质量,g;

      ρ_{wT}——纯水在 T ℃时的密度,g/cm^3,精确至 $0.01\ g/cm^3$;

      ρ_{n}——蜡的密度,g/cm^3,精确至 $0.01\ g/cm^3$。

本试验应进行 2 次平行测定,其最大允许平行差值应为 $\pm 0.03\ g/cm^3$。试验结果取其算术平均值。

12.3 颗粒分析试验

本试验方法分为筛析法、密度计法、移液管法。根据土的颗粒大小和级配情况,可分别采用下列 4 种方法:

(1) 筛析法:适用于粒径为 0.075～60 mm 的土;

(2) 密度计法:适用于粒径小于 0.075 mm 的土;

(3) 移液管法:适用于粒径小于 0.075 mm 的土;

(4) 当土中粗细都有时,应联合使用筛析法和密度计法或筛析法和移液管法。

下面仅介绍筛析法和密度计法。

12.3.1 筛析法

12.3.1.1 主要仪器设备

本试验所用仪器设备如下:

(1) 试验筛:应符合《试验筛 技术要求和检验 第 1 部分:金属丝编织网试验筛》(GB/T 6003.1—2012)的规定。

(2) 粗筛:孔径为 60 mm、40 mm、20 mm、10 mm、5 mm、2 mm。

(3) 细筛:孔径为 2.0 mm、1.0 mm、0.5 mm、0.25 mm、0.1 mm、0.075 mm。

(4) 天平:称量 1 000 g,分度值 0.1 g;称量 200 g,分度值 0.01 g。

(5) 台秤:称量 5 kg,分度值 1 g。

(6) 振筛机:应符合《实验室用标准筛振荡机技术条件》(DZ/T 0118—1994)的规定;

(7) 其他:烘箱、量筒、漏斗、瓷杯、附带橡皮头研杵的研钵、瓷盘、毛刷、匙、木碾。

12.3.1.2 主要试验步骤

(1) 用四分法从风干、松散的土样中按下列规定取出代表性试样:

① 粒径小于 2 mm 的土取 100～300 g。

② 最大粒径小于 10 mm 的土取 300～1 000 g。

③ 最大粒径小于 20 mm 的土取 1 000～2 000 g。

④ 最大粒径小于 40 mm 的土取 2 000～4 000 g。

⑤ 最大粒径小于 60 mm 的土取 4 000 g 以上。

(2) 砂砾土筛析法应按下列步骤进行:

① 按规定的数量取出试样,称量应精确至 0.1 g;当试样质量大于 500 g 时,应精确至 1 g。

② 将试样过 2 mm 细筛,分别称取筛上和筛下土质量。

③ 若 2 mm 筛下的土小于试样总质量的 10%,可省略细筛筛析。若 2 mm 筛上的土小于试样总质量的 10%,可省略粗筛筛析。

④ 取 2 mm 筛上试样倒入依次叠好的粗筛的最上层筛;取 2 mm 筛下试样倒入依次选好的细筛最上层筛,进行筛析。细筛宜放在振筛机上振摇,振摇时间应为 10~15 min。

⑤ 由最大孔径筛开始,顺序将各筛取下,在白纸上用手轻叩摇晃筛,当仍有土粒漏下时,应继续轻叩摇晃筛至无土粒漏下。漏下的土粒应全部放入下级筛。并将留在各筛上的试样分别称量,当试样质量小于 500 g 时,精确至 0.1 g。

⑥ 筛前试样总质量与筛后各级筛上和筛底试样质量的总和的差值不得大于试样总质量的 1%。

（3）含有黏土粒的砂砾土应按下列步骤进行:

① 将土样放在橡皮板上用土碾将黏结的土团充分碾散,用四分法取样,取样时应按规定称取代表性试样,置于盛有清水的瓷盆,用搅棒搅拌,使试样充分浸润和粗细颗粒分离。

② 将浸润后的混合液过 2 mm 细筛,边搅拌边冲洗过筛,直至筛上仅留大于 2 mm 的土粒为止。然后将筛上的土烘干称重,精确至 0.1 g。按规定进行粗筛筛析。

③ 用带橡皮头的研杵研磨粒径小于 2 mm 的混合液,待稍沉淀,将上部悬液过 0.075 mm 筛。再向瓷盆加清水研磨,静置过筛。如此反复,直至盆内悬液澄清。最后将全部土料倒在 0.075 mm 筛上,用水冲洗,直至筛上仅留粒径大于 0.075 mm 的净砂为止。

④ 将粒径大于 0.075 mm 的净砂烘干称重,精确至 0.01 g。按规定进行细筛筛析。

⑤ 将粒径大于 2 mm 的土和粒径为 2~0.075 mm 的土的质量从原取土总质量中减去,即得粒径小于 0.075 mm 的土的质量。

⑥ 当粒径小于 0.075 mm 的试样质量大于总质量的 10% 时,应按密度计法或移液管法测定粒径小于 0.075 mm 的颗粒组成。

12.3.1.3　试验结果处理

小于某粒径的试样质量占试样总质量百分数应按式(12-6)计算。

$$X = \frac{m_A}{m_B} d_x \qquad (12\text{-}6)$$

式中　X——小于某粒径的试样质量占试样总质量百分数;

　　　m_A——小于某粒径的试样质量,g;

　　　m_B——用细筛分析时或用密度计法分析时所取试样质量(粗筛分析时为试样总质量),g;

　　　d_x——粒径小于 2 mm 或粒径小于 0.075 mm 的试样质量占总质量百分数。

12.3.2　密度计法

12.3.2.1　主要仪器设备

本试验所用的仪器设备应符合下列规定:

(1) 密度计应符合下列规定：

① 甲种：刻度单位以 20 ℃时每 1 000 mL 悬液内所含土质量的克数表示，刻度为 $-5 \sim$ 50，分度值为 0.5；

② 乙种：刻度单位以 20 ℃时悬液的比重表示，刻度为 0.995～1.020，分度值为 0.000 2。

(2) 量筒：高约 45 cm，直径约 6 cm，容积为 1 000 mL。刻度为 0～1 000 mL，分度值为 10 mL。

(3) 试验筛应符合下列规定：

① 细筛：孔径 2 mm、1 mm、0.5 mm、0.25 mm、0.15 mm。

② 洗筛：孔径 0.075 mm。

(4) 天平：称量 200 g，分度值 0.01 g。

(5) 温度计：刻度 0～50 ℃，分度值 0.5 ℃。

(6) 洗筛漏斗：直径略大于洗筛直径，使洗筛恰好可以套入漏斗中。

(7) 搅拌器：轮径 50 mm，孔径约 3 mm，杆长约 400 mm，带旋转叶。

(8) 煮沸设备：附冷凝管。

(9) 其他：秒表、锥形瓶、研钵、木杵、电导率仪。

12.3.2.2 主要试验步骤

(1) 宜采用风干土试样，并应按式(12-7)计算试样干质量为 30 g 时所需的风干土质量：

$$m_0 = m_d(1 + 0.01w_0) \tag{12-7}$$

式中 w_0——风干土含水率，%。

(2) 试样中易溶盐含量大于总质量 0.5% 时应洗盐。易溶盐含量检验可用电导法或目测法。

① 电导法应按电导率仪使用说明书操作，测定温度 T ℃时试样溶液(土水质量比为 1∶5)的电导率，20 ℃时的电导率应按式(12-8)计算。

$$K_{20} = \frac{K_T}{1 + 0.02(T - 20)} \tag{12-8}$$

式中 K_{20}——20 ℃时悬液的电导率，$\mu s/cm$；

K_T——T ℃时悬液的电导率，$\mu s/cm$；

T——测定时悬液的温度，℃。

当 $K_{20} > 1\,000\ \mu s/cm$ 时，应洗盐。

② 采用目测法时应取风干试样 3 g 放置于烧杯中，加适量纯水调成糊状研散，再加纯水 25 mL 煮沸 10 min 冷却后移入试管，放置过夜，观察试管，出现凝聚现象时应洗盐。

(3) 洗盐应按下列步骤进行：

① 将分析用的试样放入调土杯，注入少量蒸馏水，拌和均匀。迅速倒入贴有滤纸的漏斗，并注入蒸馏水冲洗过滤。附在调土杯上的土粒全部洗入漏斗。发现滤液浑浊时，应重新过滤。

② 应经常使漏斗内的液面保持高出土面约 5 cm。每次加水后应用表面皿盖住漏斗。

③ 检查易溶盐清洗程度，可用 2 根试管各取刚滤下的滤液 3～5 mL，一根试管加入 3～5 滴 10% 盐酸和 5% 氯化钡；另 1 根试管加入 3～5 滴 10% 硝酸和 5% 硝酸银。当发现管中有白色沉淀产生时，表明试样中的易溶盐未洗净，应继续清洗，直至检查时试管中均不再发

现白色沉淀为止。

④ 洗盐后将漏斗中的土样仔细清洗,风干试样。

(4) 称干质量为 30 g 的风干试样倒入锥形瓶,勿使土粒丢失。注入水 200 mL,浸泡约 12 h。

(5) 将锥形瓶放在煮沸设备上,连接冷凝管进行煮沸,煮沸时间约为 1 h。

(6) 将冷却后的悬液倒入瓷杯,静置约 1 min,将上部悬液倒入量筒。杯底沉淀物用带橡皮头研杵细心研散,加水,搅拌后静置约 1 min,再将上部悬液倒入量筒。如此反复操作,直至杯内悬液澄清为止。当土中粒径大于 0.075 mm 的颗粒超过试样总质量的 15% 时,应将其全部倒至 0.075 mm 筛上冲洗,直至筛上仅留大于 0.075 mm 的颗粒为止。

(7) 将留在洗筛上的颗粒洗入蒸发皿,倾去上部清水,烘干称量,应按规定进行细筛筛析。

(8) 将过筛悬液倒入量筒,加 4% 浓度的六偏磷酸钠约 10 mL 于量筒溶液,再注入纯水,使筒内悬液达 1 000 mL。当加入六偏磷酸钠后土样产生凝聚时,应选用其他分散剂。

(9) 用搅拌器在量筒内沿整个悬液深度上下搅拌约 1 min,往复各约 30 次,搅拌时勿使悬液溅出筒外。使悬液内土粒均匀分布。

(10) 取出搅拌器,将密度计放入悬液同时启动秒表,可测经 0.5 min、1 min、2 min、5 min、15 min、30 min、60 min、120 min、180 min 和 1 440 min 时的密度计读数。

(11) 每次读数均应在预定时间前 10~20 s 将密度计小心地放入悬液接近读数的深度,并应将密度计浮泡保持在量筒中部,不得贴近筒壁。

(12) 密度计读数均以弯液面上缘为准。甲种密度计应精确至 0.5,乙种密度计应精确至 0.000 2。每次读数完毕立即取出密度计,放入盛有纯水的量筒中,并测定各相应的悬液温度,精确至 0.5 ℃。放入或取出密度计时,应尽量减少对悬液的扰动。

(13) 若试样在分析前未过 0.075 mm 洗筛,在密度计第 1 次读数时,发现下沉的土粒已超过试样总质量的 15%,则应于试验结束后将量筒中土粒过 0.075 mm 筛,应按规定筛析,并计算各级颗粒占试样总质量百分数。

12.3.2.3　试验结果处理

小于某粒径的试样质量占试样总质量百分数应按下列公式计算。

(1) 甲种密度计:

$$X = \frac{100}{m_d} C_s (R_1 + m_T + n_w - C_D) \tag{12-9}$$

$$C_s = \frac{\rho_s}{\rho_s - \rho_{w20}} \cdot \frac{2.65 - \rho_{w20}}{2.65} \tag{12-10}$$

式中　C_s——土粒比重校正值;

$\qquad R_1$——甲种密度计读数;

$\qquad m_T$——温度校正值;

$\qquad n_w$——弯液面校正值;

$\qquad C_D$——分散剂校正值;

$\qquad \rho_s$——土粒密度,g/cm³;

ρ_{w20}——20 ℃时水的密度,g/cm³。

（2）乙种密度计

$$X = \frac{100}{m_d} C'_s [(R_2 - 1) + m'_T + n'_w - C'_D] \rho_{w20} \tag{12-11}$$

$$C'_s = \frac{\rho_s}{\rho_s - \rho_{w20}} \tag{12-12}$$

式中　V——悬液体积,mL;

　　　C'_s——土粒比重校正值;

　　　R_2——乙种密度计读数;

　　　m'_T——温度校正值;

　　　n'_w——弯液面校正值;

　　　C'_D——分散剂校正值。

粒径应按式(12-13)计算。

$$d = \sqrt{\frac{1\,800 \times 10^4 \eta}{(G_s - G_{wT}) \rho_{w0} g} \cdot \frac{L_t}{t}} \tag{12-13}$$

式中　d——粒径,mm;

　　　η——水的动力黏滞系数,1×10^{-6} kPa·s;

　　　G_{wT}——温度为 T ℃时的水的比重;

　　　ρ_{w0}——4 ℃时水的密度,g/cm³;

　　　g——重力加速度,981 cm/s²;

　　　L_t——某一时间 t 内的土粒沉降距离,cm;

　　　t——沉降时间,s。

为了简化计算,式(12-13)也可以写成:

$$d = K \sqrt{\frac{L_t}{t}} \tag{12-14}$$

$$K = \sqrt{\frac{1\,800 \times 10^4 \eta}{(G_s - G_{wT}) \rho_{w0} g}} \tag{12-15}$$

式中　K——粒径计算系数,与悬液温度和土粒比重有关。

12.4　界限含水率试验

本节重点介绍液塑限联合测定法。

12.4.1　主要仪器设备

本试验所用的仪器设备应符合下列规定:

（1）液塑限联合测定仪(图 12-2)应包括带标尺的圆锥仪、电磁铁、显示屏、控制开关和试样杯。圆锥仪质量为 76 g,锥角为 30°;读数显示宜采用光电式、游标式和百分表式。

（2）试样杯:直径为 40～50 mm;高度为 30～40 mm。

（3）天平:称量 200 g,分度值 0.01 g。

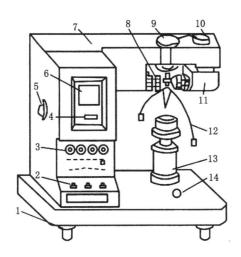

1—水平调节螺丝;2—控制开关;3—指示灯;4—零线调节螺丝;5—反光镜调节螺丝;6—屏幕;7—机壳;
8—物镜调节螺丝;9—电磁装置;10—光源调节螺丝;11—光源;12—圆锥仪;13—升降台;14—水平泡。

图 12-2　光电式液塑限联合测定仪示意图

(4) 筛:孔径 0.5 mm。

(5) 其他:烘箱、干燥缸、铝盒、调土刀。

12.4.2　主要试验步骤

(1) 液塑限联合试验宜采用天然含水率的土样制备试样,也可用风干土制备试样。

(2) 当采用天然含水率的土样时,应剔除粒径大于 0.5 mm 的颗粒,再分别按接近液限、塑限和二者的中间状态制备不同稠度的土膏,静置湿润。静置时间可视原含水率的大小而定。

(3) 当采用风干土样时,取过 0.5 mm 筛的代表性土样约 200 g,分成 3 份,分别放入 3个盛土皿,加入不同数量的纯水,使其分别达到规定的含水率,调成均匀土膏,放入密封的保湿缸,静置 24 h。

(4) 将制备好的土膏用调土刀充分调拌均匀,密实地填入试样杯,应使空气逸出。高出试样杯的余土用刮土刀刮平,将试样杯放在仪器底座上。

(5) 取圆锥仪,在锥体上涂以薄层润滑油脂,接通电源,使电磁铁吸稳圆锥仪。当使用游标式或百分表式时,提起锥杆,用旋钮固定。

(6) 调节屏幕准线,使初读数为 0。调节升降座,使圆锥仪锥角接触试样面,指标灯亮时圆锥在自重下沉入试样,当使用游标式或百分表式时用手扭动旋扭,松开锥杆,经 5 s 后测读圆锥下沉深度。然后取出试样杯,挖去锥尖入土处的润滑油脂,取锥体附近的试样不少于10 g,放入称量盒,称量,精确至 0.01 g,测定含水率。

(7) 测试其余 2 个试样的圆锥下沉深度和含水率。

12.4.3　试验结果处理

以含水率为横坐标,圆锥下沉深度为纵坐标,在双对数坐标纸上绘制关系曲线。三点连成一条直线(图 12-3 中的 A 线)。若 3 点不在一条直线上,通过高含水率的点与其余 2 个点连成两条直线,在圆锥下沉深度为 2 mm 处查得相应的含水率,当两个含水率的差值小于 2％时,应以该 2 个点含水率的平均值与高含水率的点连成一条直线(图 12-3 中的 B 线)。当 2 个含水率的差值不小于 2％时,应补做试验。

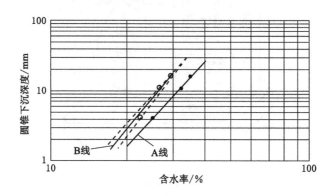

图 12-3 圆锥下沉深度与含水率关系曲线

通过圆锥下沉深度与含水率关系曲线,查得下沉深度为 17 mm 时所对应的含水率为液限,下沉深度为 10 mm 时所对应的含水率为 10 mm 塑限;查得下沉深度为 2 mm 时所对应的含水率为塑限,以百分数表示,精确至 0.1％。

塑性指数和液性指数应按下列公式计算。

$$I_P = w_L - w_P \tag{12-16}$$

$$I_L = \frac{w_0 - w_P}{I_P} \tag{12-17}$$

式中　I_P——塑性指数;

　　　I_L——液性指数,精确至 0.01;

　　　w_L——液限,％;

　　　w_P——塑限,％。

12.5　击实试验

土样粒径应小于 20 mm。本试验分为轻型击实和重型击实,轻型击实试验的单位体积击实功约为 592.2 kJ/m³,重型击实试验的单位体积击实功约为 2 684.9 kJ/m³。

12.5.1　主要仪器设备

本试验所用的主要仪器设备应符合下列规定:

(1) 击实仪:应符合《土工试验仪器 击实仪》(GB/T 22541—2008)的规定。击实仪由击实筒(图 12-4)、击锤(图 12-5)和护筒组成,其尺寸见表 12-1。图 12-5 中,2×4×φ3 指 2 个边长为 4 mm 的正方形孔,内有直径为 3 mm 的销子;3×φ6 指 3 个直径 6 mm 的圆孔,内有直径 6 mm 的销子。

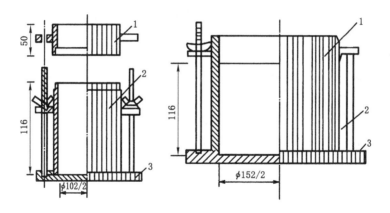

1—护筒;2—击实筒;3—底板。

图 12-4　击实筒(单位:mm)

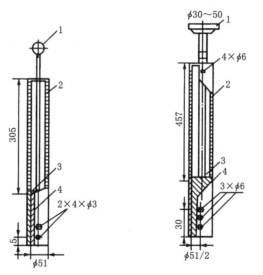

（a）2.5 kg击锤(落高305 mm)　　　（b）4.5 kg击锤(落高457 mm)

1—提手;2—导筒;3—硬橡皮垫;4—击锤。

图 12-5　击锤与导筒(单位:mm)

表 12-1　击实仪主要技术指标

试验方法	锤底直径/mm	锤质量/kg	落高/mm	层数/层	每层击数/次	击实筒			护筒高度/mm
						内径/mm	筒高/mm	容积/cm³	
轻型	51	2.5	305	3	25	102	116	947.4	≥50
				3	56	152	116	2 103.9	≥50
重型		4.5	457	3	42	102	116	947.4	>50
				3	94	152	116	2 103.9	>50
				5	56				

（2）击实仪的击锤应配导筒，击锤与导筒间应有足够的间隙使锤能自由下落。电动操作的击锤必须有控制落距的跟踪装置和锤击点按一定角度均匀分布的装置。

（3）天平：称量 200 g，分度值 0.01 g。

（4）台秤：称量 10 kg，分度值 1 g。

（5）标准筛：孔径为 20 mm、5 mm。

本试验所用的其他仪器设备应符合下列规定：

（1）试样推出器：宜用螺旋式千斤顶或液压式千斤顶，如无此类装置，也可用刮刀和修土刀从击实筒中取出试样；

（2）其他：烘箱、喷水设备、碾土设备、盛土器、修土刀和保湿设备。

12.5.2　主要试验步骤

12.5.2.1　试样制备

试样制备可分为干法制备和湿法制备两种。

（1）干法制备应按下列步骤进行：

① 采用四点分法取一定量的代表性风干试样，其中小筒所需土样约 20 kg，大筒所需土样约 50 kg，放在橡皮板上用木碾碾散，也可用碾土器碾散。

② 轻型按要求过 5 mm 或 20 mm 筛，重型过 20 mm 筛，将筛下土样拌匀，并测定土样的风干含水率；根据土的塑限预估的最优含水率，并按规定的步骤制备不少于 5 个不同含水率的一组试样，相邻 2 个试样含水率的差值宜为 2%。

③ 将一定量土样平铺于不吸水的盛土盘内，其中小型击实筒所需击实土样约 2.5 kg，大型击实筒所取土样约 5.0 kg，按预定含水率用喷水设备向土样均匀喷洒所需加水量，拌匀并装入塑料袋或密封于盛土器静置备用。静置时间分别为：高液限黏土不得少于24 h，低液限黏土可酌情缩短，但不应少于 12 h。

（2）湿法制备应取天然含水率的代表性土样，其中小型击实筒所需土样约 20 kg，大型击实筒所需土样约 50 kg。碾散，按要求过筛，将筛下土样拌匀，并测定试样的含水率。分别风干或加水至所要求的含水率，应使制备好的试样中的水分均匀分布。

12.5.2.2　试验步骤

（1）将击实仪平稳置于刚性基础上，击实筒内壁和底板涂一薄层润滑油，连接击实筒与底板，安装护筒。检查仪器各部件及配套设备的性能是否正常，并做好记录。

（2）从制备好的一份试样中称取一定量土料，分 3 层或 5 层倒入击实筒并将土面整平，分层击实。手工击实时，应保证击锤自由铅直下落，锤击点必须均匀分布于土面；机械击实时，可将定数器拨到所需的击数处，击数可按表 12-1 确定，按动电钮进行击实。击实后的每层试样高度应大致相等，两层交接面的土面应刨毛。击实完成后，超出击实筒顶的试样高度应小于 6 mm。

（3）用修土刀沿护筒内壁削挖后，扭动并取下护筒，测出超高，应取多个测值平均，精确至 0.1 mm。沿击实筒顶细心修平试样，拆除底板。试样底面超出筒外时应修平。擦净筒外壁，称量，精确至 1 g。

（4）用推土器从击实筒内推出试样，从试样中心处取 2 个一定量的土料，细粒土为 15～

30 g,含粗粒土为 50～100 g。平行测定土的含水率,称量精确至 0.01 g,两个含水率的最大允许差值应为±1%。

(5) 应按上述规定对其他含水率的试样进行击实。一般不重复使用土样。

12.5.3 试验结果处理

击实后各试样的含水率应按式(12-18)计算。

$$w = \left(\frac{m_0}{m_d} - 1\right) \times 100\% \tag{12-18}$$

击实后各试样的干密度应按式(12-19)计算,精确至 0.01 g/cm³。

$$\rho_d = \frac{\rho}{1 + 0.01w} \tag{12-19}$$

土的饱和含水率应按式(12-20)计算。

$$w_{sat} = \left(\frac{\rho_w}{\rho_d} - \frac{1}{G_s}\right) \times 100\% \tag{12-20}$$

式中　w_{sat}——饱和含水率;

　　ρ_w——水的密度,g/cm³。

以干密度为纵坐标,含水率为横坐标,绘制干密度与含水率的关系曲线。曲线上峰值点的纵、横坐标分别代表土的最大干密度和最优含水率。曲线不能给出峰值点时,应进行补点试验。

数个干密度下土的饱和含水率应按式(12-20)计算。以干密度为纵坐标,含水率为横坐标,在图上绘制饱和曲线。

12.6　承载比试验

12.6.1　主要仪器设备

本试验所用的主要仪器设备应符合下列规定:

(1) 击实仪应符合规范规定,其主要部件的尺寸应符合下列规定:

① 试样筒(图 12-6):内径 152 mm,高 166 mm 的金属圆筒;试样筒内底板上放置垫块,垫块直径为 151 mm、高度为 50 mm;护筒高度为 50 mm。

② 击锤和导筒:锤底直径为 51 mm,锤质量为 4.5 kg,落距为 457 mm;击锤与导筒之间的空隙应符合《土工试验仪器 击实仪》(GB/T 22541—2008)的规定。

(2) 贯入仪(图 12-7)应符合下列规定:

① 加载和测力设备:量程应不低于 50 kN,最小贯入速度应能调节至 1 mm/min;

② 贯入杆:杆的端面直径 50 mm,杆长 100 mm,杆上应配有安装百分表的夹孔;

③ 百分表:2 只,量程分别为 10 mm 和 30 mm,分度值为 0.01 mm。

(3) 标准筛:孔径为 20 mm、5 mm。

(4) 台秤:称量 20 kg,分度值 1 g。

(5) 天平:称量 200 g,分度值 0.01 g。

(6) 膨胀量测定装置(图 12-8):由百分表和三脚架组成。

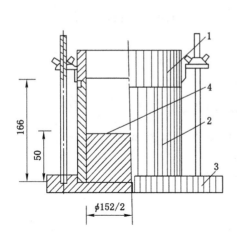

1—护筒;2—试样筒;3—底板;4—垫块。

图 12-6　试样筒(单位:mm)

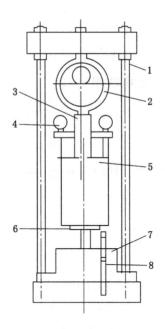

1—框架;2—测力计;3—贯入杆;4—位移计;5—试样;
6—升降台;7—蜗轮蜗杆箱;8—摇把。

图 12-7　贯入仪示意图

（7）有孔底板:孔径宜小于 2 mm,底板上应配有可紧密连接试样筒的装置;带调节杆的多孔顶板(图 12-9)。

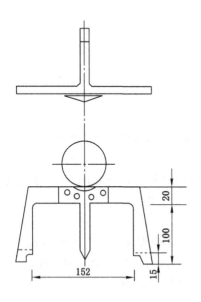

图 12-8　膨胀量测定装置(单位:mm)

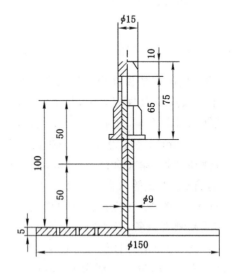

图 12-9　带调节杆的多孔顶板(单位:mm)

（8）荷载块(图 12-10):直径 150 mm,中心孔直径 52 mm;每对质量 1.25 kg,共 4 对,并沿直径分为 2 个半圆块。

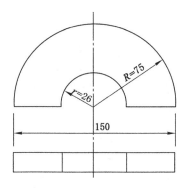

图 12-10 荷载块(单位:mm)

（9）水槽:槽内水面应高出试件顶面 25 mm。

（10）其他:刮刀、修土刀、直尺、量筒、土样推出器、烘箱、盛土盘。

12.6.2 主要试验步骤

12.6.2.1 试样制备

（1）试样制备应符合规定要求。其中土样需过 20 mm 筛,以筛除粒径大于 20 mm 的颗粒,并记录超径颗粒的百分数;按需要制备数份试样,每份试样质量约 6.0 kg。

（2）应按规定进行重型击实试验,求取最大干密度和最优含水率。

（3）应按最优含水率备料,进行重型击实试验制备 3 个试样,击实完成后试样超高应小于 6 mm。

（4）卸下护筒,沿试样筒顶修平试样,表面不平整处宜细心用细料修补,取出垫块,称试样筒和试样的总质量。

12.6.2.2 浸水膨胀

（1）将一层滤纸铺于试样表面,放上多孔底板,并应用拉杆将试样筒与多孔底板固定好。

（2）倒转试样筒,取一层滤纸铺于试样的另一表面,并在该面上放置带有调节杆的多孔顶板,再放上 8 块荷载块。

（3）将整个装置放入水槽,先不放水,安装好膨胀量测定装置,并读取初读数。

（4）向水槽内缓慢注水,使水自由进入试样的顶部和底部,注水后水槽内水面应保持在荷载块顶面以上大约 25 mm(图 12-11);通常试样要浸水 4 d。

（5）根据需要以一定时间间隔读取百分表的读数。浸水结束后读取终读数。膨胀率应按式(12-21)计算。

$$\delta_w = \frac{\Delta h_w}{h_0} \times 100\% \qquad (12\text{-}21)$$

式中 δ_w——浸水后试样的膨胀率;

Δh_w——浸水后试样的膨胀量,mm;

h_0——试样的初始高度,mm。

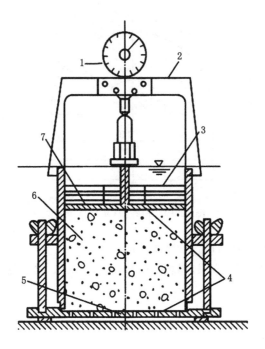

1—百分表；2—三脚架；3—荷载板；4—滤纸；5—多孔底板；6—试样；7—多孔顶板。

图 12-11　浸水膨胀试验装置

（6）卸下膨胀量测定装置，从水槽中取出试样，吸去试样顶面的水，静置 15 min 让其排水，卸去荷载块、多孔顶板和有孔底板，取下滤纸，并称取试样筒和试样总质量，计算试样的含水率与密度的变化。

12.6.2.3　贯入试验

（1）将浸水结束的试样放到贯入仪的升降台上，调整升降台的高度，使贯入杆与试样顶面刚好接触，并在试样顶面放上 8 块荷载块。

（2）在贯入杆上施加 45 N 荷载，将测力计量表和测变形的量表读数调整至零点。

（3）加荷使贯入杆以 1～1.25 mm/min 的速度压入试样，按测力计内量表的某些整读数（如 20、40、60）记录相应的贯入量，并使贯入量达 2.5 mm 时的读数不得少于 5 个，当贯入量读数为 10～12.5 mm 时可终止试验。

（4）应进行 3 个试样的平行试验，每个试样间的干密度最大允许差值应为±0.03 g/cm³。当 3 个试样试验结果所得承载比的变异系数大于 12% 时，去掉一个偏离大的值，试验结果取其余 2 个结果的平均值；当变异系数小于 12% 时，试验结果取 3 个结果的平均值。

12.6.3　试验结果处理

以单位压力（p）为横坐标，贯入量（l）为纵坐标，绘制 p-l 关系曲线（图 12-12）。图中，曲线 1 是合适的，曲线 2 的开始段是凹曲线，应进行修正。修正的方法为：在变曲率点引切线，与纵坐标交于 O' 点，O' 点即修正后的原点。

由 p-l 关系曲线上获取贯入量为 2.5 mm 和 5.0 mm 时的单位压力值，各自的承载比应按下列公式计算。承载比一般是指贯入量为 2.5 mm 时的承载比，当贯入量为 5.0 mm 时

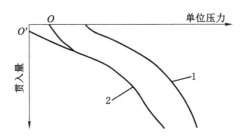

图 12-12　单位压力与贯入量的关系曲线(p-l 关系曲线)

的承载比大于 2.5 mm 时,应重做试验。当试验结果仍然相同时,应采用贯入量为 5.0 mm 时的承载比。

(1) 贯入量为 2.5 mm 时的承载比应按式(12-22)计算。

$$\text{CBR}_{2.5} = \frac{p}{7\,000} \times 100\%$$ 　　　　(12-22)

式中　$\text{CBR}_{2.5}$——贯入量为 2.5 mm 时的承载比;

　　　　p——单位压力,kPa;

　　　　7 000——贯入量为 2.5 mm 时的标准压力,kPa。

(2) 贯入量为 5.0 mm 时的承载比应按式(12-23)计算。

$$\text{CBR}_{5.0} = \frac{p}{10\,500} \times 100\%$$ 　　　　(12-23)

式中　$\text{CBR}_{5.0}$——贯入量为 5.0 mm 时的承载比;

　　　　10 500——贯入量为 5.0 mm 时的标准压力,kPa。

12.7　回弹模量试验

土样粒径应小于 20 mm。本试验采用杠杆压力仪法和强度仪法。杠杆压力仪法适用于含水率较大、硬度较小的试样。

12.7.1　杠杆压力仪法

12.7.1.1　主要仪器设备

本试验所用的主要仪器设备应符合下列规定:

(1) 杠杆压力仪(图 12-13):最大压力为 1 500 N。

(2) 试样筒(图 12-14):内径 152 mm、高 166 mm 的金属圆筒,在与夯击底板的立柱连接的缺口板上多一个内径 5 mm、深 5 mm 的螺丝孔,用来安装千分表支架。

(3) 护筒:高 50 mm。

(4) 筒内垫块:直径 151 mm,高 50 mm,夯击底板与击实仪相同。

(5) 承载板(图 12-15):直径 50 mm,高 80 mm。

(6) 千分表:2 只,量程 2.0 mm,分度值 0.001 mm。

(7) 秒表:分度值 0.1 s。

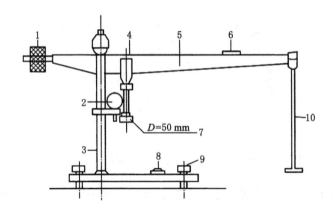

1—调平砝码;2—千分表;3—立柱;4—加压杆;5—水平杠杆;6—水平气泡;7—加压球座;
8—底座水平气泡;9—调平脚螺丝;10—加载架。

图 12-13　杠杆压力仪

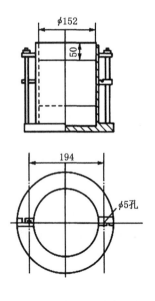

图 12-14　试样筒(单位:mm)

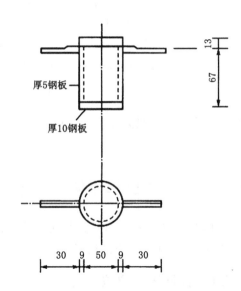

图 12-15　承载板(单位:mm)

12.7.1.2　主要试验步骤

(1)应按规定用重型击实法制备试样,得出最大干密度和最优含水率。

(2)应按最优含水率制备试样,以规定的击数在试样筒内制备试样。

(3)将装有试样的试样筒底面放在杠杆压力仪的底盘上,将承载板放在试样的中心位置,并与杠杆压力仪的加压球座对正。将千分表固定在立柱上,并将千分表的测头安放在承载板的表架上。

(4)在杠杆压力仪的加载架上放置砝码,用预定的最大压力进行预压,对含水率大于塑限的土,$p = 50 \sim 100$ kPa;对含水率小于塑限的土,$p = 100 \sim 200$ kPa。预压应进行 $1 \sim 2$ 次,每次预压 1 min 再卸载。预压后调整承载板位置,并将千分表调到零位。

（5）预定的最大压力分为 4～6 级进行加载，每级加载时间为 1 min，记录千分表读数，同时卸载，当卸载 1 min 时记录千分表读数，再施加下一级荷载。如此逐级进行加载和卸载，并记录千分表读数，直至最后一级荷载。为了使试验曲线的开始部分比较准确，可将第 1 级、第 2 级荷载再分别分成 2 个小级进行加载和卸载。试验中的最大压力也可略大于预定的最大压力。

（6）土的回弹模量测定应进行 3 次平行试验，每次试验结果与回弹模量的均值间最大允许差值应为 ±5%。

12.7.1.3　试验结果处理

每级荷载下试样的回弹模量应按式（12-24）计算。

$$E_c = \frac{\pi p D}{4l}(1 - \mu^2) \tag{12-24}$$

式中　E_c——回弹模量，kPa；

p——承载板上的单位压力，kPa；

D——承载板直径，cm；

l——相应于压力的回弹变形量（加载读数减卸载读数），cm；

μ——土的泊松比，一般取 0.35。

12.7.2　强度仪法

12.7.2.1　主要仪器设备

本试验所用的主要仪器设备应符合下列规定：

（1）路面材料强度仪：应符合承载比试验中贯入仪的规定。

（2）试样筒：应符合杠杆压力仪法中相同设备的规定。

（3）承载板：应符合杠杆压力仪法中相同设备的规定。

（4）千分表（量表）支杆与表夹：支杆长 200 mm，直径 10 mm，一端带有长 5 mm 与试样筒上螺丝孔连接的螺丝杆；表夹可用钢制成，也可用硬塑料制成。

（5）其他仪器应符合杠杆压力仪法中相同设备的规定。

12.7.2.2　主要试验步骤

（1）试样制备与杠杆压力仪法中的规定相同。

（2）将制备好的试样和试样筒的底面放在强度仪的升降台上，千分表支杆拧在试样筒两侧的螺丝孔上，承载板放在试样表面中间位置，并与强度仪的贯入杆对正；千分表和表夹安装在支杆上，并将千分表测头安放在承载板两侧的支架上。

（3）摇动摇把，用预定的最大压力进行预压，预压方法与杠杆压力仪法相同。

（4）将预定的最大压力分为 4～6 级进行加载，加载、卸载与杠杆压力仪法相同。当试样较硬时，可以不受预定最大压力值的限制，增加加载级数，至需要的压力为止。

（5）进行平行试验的次数和精确度应符合杠杆压力仪法中相同的规定。

12.7.2.3　试验结果处理

每级压力下试样的回弹模量应按式（12-24）计算。其中计算中所用 μ 值一般为 0.35，对于具有一定龄期的加固土，取值范围为 0.25～0.30。

12.8 最小干密度试验

土样为能自由排水的砂砾土,粒径不应大于 5 mm,其中粒径为 2～5 mm 的土样质量不应大于土样总质量的 15%。最小干密度试验宜采用漏斗法和量筒法。

本试验应进行两次平行测定,两次测定值的最大允许平行差值应为±0.03 g/cm³,取两次测值的算术平均值为试验结果。

12.8.1 主要仪器设备

本试验所用的主要仪器设备应符合下列规定:

(1) 量筒:容积为 500 mL 及 1 000 mL 两种,后者内径应大于 6 cm;

(2) 长颈漏斗:颈管内径约 1.2 cm,颈口磨平;

(3) 锥形塞:直径约 1.5 cm 的圆锥体,焊接在铜杆下端(图 12-16);

(4) 天平:称量 1 000 g,分度值 1 g;

(5) 砂面拂平器。

12.8.2 主要试验步骤

(1) 取代表性的烘干或充分风干试样约 1.5 kg,用手搓揉或用圆木棍在橡皮板上碾散,并应拌和均匀;

(2) 将锥形塞杆自漏斗下口穿入,并向上提起,使锥体堵住漏斗管口,一并放入 1 000 mL 量筒,使其下端与筒底接触;

(3) 称取试样 700 g,精确至 1 g,均匀倒入漏斗中,将漏斗与塞杆同时提高,然后下放塞杆使锥体略离开管口,管口应经常保持高出砂面 1～2 cm,使试样缓缓且均匀分布地落入量筒;

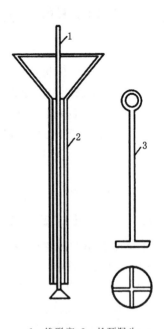

1—锥形塞;2—长颈漏斗;
3—砂面拂平器。

图 12-16 漏斗及拂平器

(4) 试样全部落入量筒后取出漏斗与锥形塞,用砂面拂平器将砂面拂平,勿使量筒振动,然后测读砂样体积,估读至 5 mL;

(5) 用手掌或橡皮板堵住量筒口,将量筒倒转,然后缓慢地转回原来位置,如此重复几次,记下体积的最大值,估读至 5 mL;

(6) 从采用两种方法测得的体积值中取较大者,为松散状态时试样的最大体积。

12.8.3 试验结果处理

最小干密度应按式(12-25)计算,精确至 0.01 g/cm³。

$$\rho_{dmin} = \frac{m_d}{V_{max}}$$

(12-25)

式中　ρ_{dmin}——最小干密度,g/cm^3;

　　　V_{max}——松散状态时试样的最大体积,cm^3。

最大孔隙比应按式(12-26)计算。

$$e_{max} = \frac{\rho_w G_s}{\rho_{dmin}} - 1 \tag{12-26}$$

式中　e_{max}——最大孔隙比。

附表 试验记录表

附表 1 水泥试验记录表

水泥品种：_____　　　　　　　　试验人员：_____

一、细度检验

试验日期：_____　　　实验室温、湿度：_____　　　试验设备：_____

检验方法	筛析法:筛孔尺寸:_____	备注
水泥试样质量 m_c/g		
水泥筛余质量 R_s/g		
水泥筛余百分数 F/%		

二、标准稠度用水量测定

实验室温度、湿度		备注
水泥试样用量/g		
用水量/mL		
标准稠度用水量 P/%		

三、凝结时间测定

实验室温度、湿度		备注
加水时间	点　　分	
初凝到达时间	时　　分	
终凝到达时间	时　　分	
初凝时间	_____ min	
终凝时间	_____ min	
结果评定		

四、体积安定性试验

检验记录		雷氏夹法			试饼法	备注
	1	$A=$＿＿＿＿＿ mm	$C=$＿＿＿＿＿ mm	$C-A=$＿＿＿＿＿ mm		标准稠度用水量 $P=$＿＿＿＿＿％
	2	$A=$＿＿＿＿＿ mm	$C=$＿＿＿＿＿ mm	$C-A=$＿＿＿＿＿ mm		A:沸煮前试件指针尖端的距离,精确至 0.5 mm。
		$C-A$ 平均值＝＿＿＿＿＿ mm				C:沸煮后试件指针尖端的距离,精确至 0.5 mm。
结论:						

五、水泥胶砂强度测定

3 d 抗折强度:加载速度:＿＿＿＿＿＿ N/s,试验日期:＿＿＿＿＿＿试验设备:＿＿＿＿＿

编号	试件尺寸/mm			破坏荷载 /kN	抗折强度 /MPa	抗折强度平均值/MPa	备注
	宽 b	高 h	跨距 L				
1							
2							
3							

3 d 抗折强度:加载速度:＿＿＿＿＿＿ N/s,试验日期:＿＿＿＿＿＿试验设备:＿＿＿＿＿

编号	受压面积 /mm²	破坏荷载 /kN	抗压强度 /MPa	抗压强度平均值 /MPa	备注
1					
2					
3					
4					
5					
6					

7 d 抗折强度:加载速度:＿＿＿＿＿＿ N/s,试验日期:＿＿＿＿＿＿试验设备:＿＿＿＿＿

编号	试件尺寸/mm			破坏荷载 /kN	抗折强度 /MPa	抗折强度平均值/MPa	备注
	宽 b	高 h	跨距 L				
1							
2							
3							

7 d抗折强度:加载速度:_____N/s,试验日期:_____试验设备:_____

编号	受压面积/mm²	破坏荷载/kN	抗压强度/MPa	抗压强度平均值/MPa	备注
1					
2					
3					
4					
5					
6					

28 d抗折强度:加载速度:_____N/s,试验日期:_____试验设备:_____

编号	试件尺寸/mm			破坏荷载/kN	抗折强度/MPa	抗折强度平均值/MPa	备注
	宽 b	高 h	跨距 L				
1							
2							
3							

28 d抗折强度:加载速度:_____N/s,试验日期:_____试验设备:_____

编号	受压面积/mm²	破坏荷载/kN	抗压强度/MPa	抗压强度平均值/MPa	备注
1					
2					
3					
4					
5					
6					

试验结果

依据_____标准,本水泥试样强度等级可定为_____。

六、水泥胶砂流动度试验

成型日期	_____年_____月_____日	水泥加水搅拌时间	_____点_____分(24 小时制)		
成型三个试件所需材料	水泥/g		标准砂/g	水/mL	水灰比
胶砂流动度/mm					

附表 2　细骨料(砂)试验记录表

试验日期：_____年_____月_____日　　试验人员：_____

砂子品种：_____　　　　产　　地：_____

一、表观密度测定

试验次数	1	2	备注
干砂样质量 m_0/g			
容量瓶装水至瓶颈刻度线时质量 m_2/g			
容量瓶装砂后水面至瓶颈刻度线时质量 m_1/g			
表观密度 ρ_{0s}/(g/cm³)			
表观密度平均值/(g/cm³)			

二、堆积密度测定

试验次数	1	2	备注
筒质量 m_1/kg			
筒与砂总质量 m_2/kg			
筒容积 V/L			
堆积密度 ρ'_{0s}/(kg/m³)			
堆积密度平均值/(kg/m³)			

三、空隙率计算：$p' = \left(1 - \dfrac{\rho'_{0s}}{\rho_{0s}}\right) \times 100\% =$ _____

四、砂筛分析试验

	筛分结果				细度模数计算
筛孔尺寸 /mm	试样一		试样二		
	筛余量/g	累计筛余率/%	筛余量/g	累计筛余率/%	
4.75					
2.36					$M_x = \dfrac{(A_2 + A_3 + A_4 + A_5 + A_6) - 5A_1}{100 - A_1}$
1.18					
0.60					$M_{x1} =$ _____
0.30					
0.15					$M_{x2} =$ _____
筛底					
结果评定	按 M_x 分级	粗砂(　)　　中砂(　)　　细砂(　)			M_x 平均值 = _____
	级配属	_____ 区			
	级配情况				
备注					

五、砂含泥量试验

实验室温、湿度：_____   试验设备：_____   试验日期：_____

试验次数	1	2	备注
试验前烘干试样质量 m_0/g			
试验后烘干试样质量 m_1/g			$Q_a = (m_0 - m_1)/m_0 \times 100\%$
砂含泥量Q_a/%			
砂含泥量平均值$\overline{Q_a}$/%			

六、砂泥块含量试验

实验室温、湿度：_____   试验设备：_____   试验日期：_____

试验次数	1	2	备注
试验前烘干试样质量 m_0/g			
试验后烘干试样质量 m_1/g			$Q_b = (m_0 - m_1)/m_0 \times 100\%$
砂泥块含量Q_b/%			
砂泥块含量平均值$\overline{Q_b}$/%			

七、砂含水率试验

实验室温、湿度：_____   试验设备：_____   试验日期：_____

试验次数	1	2	备注
容器质量 m_1/g			
烘干前试样＋容器质量 m_2/g			
烘干后试样＋容器质量 m_3/g			$w_{wc} = (m_2 - m_3)/(m_3 - m_1) \times 100\%$
砂含水率 w_{wc}/%			
砂含水率平均值$\overline{w_{wc}}$/%			

附表 3 石子试验记录表

试验日期：_____年_____月_____日 试验人员：_____

石子品种：_____ 产 地：_____

一、表观密度（视比重）测定

试验次数	1	2	备注
烘干石子试样质量 m_0/g			
石子、玻璃板、瓶和水的总质量 m_1/g			
水、玻璃板和瓶的总质量 m_2/g			
表观密度 ρ_{0g}/(g/cm^3)			
表观密度平均值/(g/cm^3)			

二、堆积密度（松散密度）测定

试验次数	1	2	备注
筒质量 m_1/kg			
筒与石子总质量 m_2/kg			
筒容积 V/L			
堆积密度 ρ'_{0g}/(kg/m^3)			
堆积密度平均值/(kg/m^3)			

三、空隙率计算：$p' = \left(1 - \dfrac{\rho'_{0g}}{\rho_{0g}}\right) \times 100\% = $ _____

四、筛分析试验

	筛孔尺寸/mm		2.36	4.75	9.50	16.0	19.0	26.5	31.5	37.5	53.0	63.0	75.0	90.0	筛底
筛分结果	分计筛余	g													
		%													
	累计筛余率/%															
结果评定	最大粒径/mm															
	级配情况															
备注															

五、碎石含泥量试验

实验室温、湿度：＿＿＿＿＿＿　　试验设备：＿＿＿＿＿＿　　试验日期：＿＿＿＿＿＿

试验次数	1	2	备注
试验前烘干试样质量 m_0/g			
试验后烘干试样质量 m_1/g			$Q_a = (m_0 - m_1)/m_0 \times 100\%$
碎石含泥量 Q_a/%			
碎石含泥量平均值 $\overline{Q}_a$/%			

六、碎石泥块含量试验

实验室温、湿度：＿＿＿＿＿＿　　试验设备：＿＿＿＿＿＿　　试验日期：＿＿＿＿＿＿

试验次数	1	2	备注
试验前烘干试样质量 m_0/g			
试验后烘干试样质量 m_1/g			$Q_b = (m_0 - m_1)/m_0 \times 100\%$
碎石泥块含量 Q_b/%			
碎石泥块含量平均值 $\overline{Q}_b$/%			

七、碎石针、片状颗粒含量试验

实验室温、湿度：＿＿＿＿＿＿　　试验设备：＿＿＿＿＿＿　　试验日期：＿＿＿＿＿＿

试验次数	1	2	备注
试样的质量 m_0/g			
试样中针、片状颗粒总质量 m_1/g			$Q_c = \dfrac{m_1}{m_0} \times 100\%$
针、片状颗粒含量 Q_c/%			

八、岩石抗压强度试验

实验室温、湿度：＿＿＿＿＿＿　　试验设备：＿＿＿＿＿＿　　试验日期：＿＿＿＿＿＿

样品编号	边长(直径)/mm	极限破坏荷载 F/N	抗压强度/MPa		备注
			单个值	测定值	
					$R = F/A$

九、压碎值试验

实验室温、湿度：_____　　　试验设备：_____　　　试验日期：_____

试验次数	碎石质量/kg		压碎值/%	
	试样质量	压碎后通过 2.36 mm 筛的筛余量	$Q_e = (m_0 - m_1)/m_0$	平均值
	m_0	m_1		
1				
2				
3				

附表 4　粉煤灰试验记录表

粉煤灰品种：＿＿＿＿＿＿＿＿＿＿＿　　　　等级：＿＿＿＿＿＿＿＿＿＿＿＿

厂名牌号：＿＿＿＿＿＿＿＿＿＿＿　　　　出厂编号：＿＿＿＿＿＿＿＿＿＿＿

出厂日期：＿＿＿＿＿＿＿＿＿＿＿　　　　试验人员：＿＿＿＿＿＿＿＿＿＿＿

一、细度、粒径、颗粒形貌试验

1. 试验日期：＿＿＿＿＿＿　　实验室温、湿度：＿＿＿＿＿＿　　试验设备：＿＿＿＿＿＿

检验方法	筛析法:筛孔尺寸:＿＿＿＿＿＿	备注
粉煤灰试样质量 G/g		
粉煤灰筛余质量 G_1/g		
粉煤灰筛余百分数 $F/\%$		

2. 试验日期：＿＿＿＿＿＿　　实验室温、湿度：＿＿＿＿＿＿　　试验设备：＿＿＿＿＿＿

检验方法	勃氏法	备注
粉煤灰试样质量 G/g		
比表面积/(m^2/kg)		

3. 试验日期：＿＿＿＿＿＿　　实验室温、湿度：＿＿＿＿＿＿　　试验设备：＿＿＿＿＿＿

检 验 方 法	激光粒度仪	备注
粉煤灰试样质量 G/g		
粉煤灰颗粒粒径分析		

4. 试验日期：＿＿＿＿＿＿　　实验室温、湿度：＿＿＿＿＿＿　　试验设备：＿＿＿＿＿＿

检验方法	扫描电镜	备注
粉煤灰试样质量 G/g		
粉煤灰颗粒形貌分析		

二、粉煤灰含水率测定

试验日期：＿＿＿＿＿＿　　　　　　　　试验设备：＿＿＿＿＿＿

烘干前粉煤灰试样质量 m_1/g		备注
烘干后粉煤灰试样质量 m_0/g		
含水率 $w/\%$ $(w=[(m_1-m)/m_0]\times100\%)$		

三、粉煤灰活性指数试验

实验室温、湿度：_____　　　　　　试验设备：_____

| 胶砂种类 | 矿渣粉/g | 水泥/g | 标准砂/g | 水/mL | 28 d破坏荷载/kN | 28 d抗压强度/MPa | | 活性指数 |
					单个值	单个值	平均	$A＝R/R_0×100\%$
对比胶砂 R_0								
试验胶砂 R								
备注								

四、胶砂流动度试验

实验室温、湿度：_____　　　　　　试验设备：_____

胶砂材料用量	粉煤灰/g	水泥/g	标准砂/g	水/mL
流动度/mm				

附表 5 矿渣粉试验记录表

矿渣品种：_____　　强度等级：_____

厂名牌号：_____　　出厂编号：_____

出厂日期：_____　　试验人员：_____

一、细度、粒径、颗粒形貌试验

1. 试验日期：_____　　实验室温、湿度：_____　　试验设备：_____

检验方法	筛析法：筛孔尺寸：_____	备注
矿渣粉试样质量 M_c/g		
矿渣粉筛余质量 R_s/g		
矿渣粉筛余百分数 F/%		

2. 试验日期：_____　　实验室温、湿度：_____　　试验设备：_____

检验方法	勃氏法	备注
矿渣粉试样质量 M_c/g		
比表面积/(m²/kg)		

3. 试验日期：_____　　实验室温、湿度：_____　　试验设备：_____

检验方法	激光粒度仪	备注
矿渣粉试样质量 M_c/g		
矿渣粉颗粒粒径分析		

4. 试验日期：_____　　实验室温、湿度：_____　　试验设备：_____

检验方法	扫描电镜	备注
矿渣粉试样质量 M_c/g		
矿渣粉颗粒形貌分析		

二、矿渣含水率测定

试验日期：_____　　　　　　　试验设备：_____

烘干前矿渣试样质量 m_1/g		备注
烘干后试样质量 m_0/g		
含水率 w/% ($w=[(m_1-m_0)/m_0]\times100\%$)		

三、矿渣烧失量测定

试验日期：＿＿＿＿＿＿＿＿＿　　　　　　　　试验设备：＿＿＿＿＿＿＿＿＿

矿渣试样质量 m/g		备注
灼烧后试样质量 m_1/g		
烧失量的质量百分数 $X/\%$ （$X=[(m-m_1)/m]\times100\%$）		

四、矿渣基本物理性质及化学组成测定

试验日期：＿＿＿＿＿＿＿＿＿　　　　　　　　试验设备：＿＿＿＿＿＿

密度/(g/cm³)		表观密度/(g/cm³)		堆积密度/(g/cm³)	
化学组成					
SiO_2	Al_2O_3	Fe_2O_3	CaO	MgO	SO_3	TiO_2	MnO
备注							

五、矿渣粉活性指数试验

实验室温、湿度：＿＿＿＿＿＿＿＿＿　　　　　　　　试验设备：＿＿＿＿＿＿＿＿＿

胶砂种类	矿渣粉/g	水泥/g	标准砂/g	水/mL	28 d破坏荷载/kN	28 d抗压强度/MPa		活性指数
					单个值	单个值	平均	$A=\dfrac{R}{R_0}\times100$
对比胶砂 R_0								
试验胶砂 R								
备注								

六、胶砂流动度试验

实验室温、湿度：＿＿＿＿＿＿＿＿＿　　　　　　　　试验设备：＿＿＿＿＿＿＿＿＿

胶砂材料用量	矿渣粉/g	水泥/g	标准砂/g	水/mL
流动度/mm				

七、初凝时间试验

实验室温、湿度：＿＿＿＿＿＿＿＿＿　　　　　　　　试验设备：＿＿＿＿＿＿＿＿＿

对比净浆初凝时间/min	试验净浆初凝时间/min	矿渣粉初凝时间比/%

附表 6　石灰石粉试验记录表

石粉品种：＿＿＿＿＿＿＿＿＿＿＿　　强度等级：＿＿＿＿＿＿＿＿＿＿＿＿＿

厂名牌号：＿＿＿＿＿＿＿＿＿＿＿　　出厂编号：＿＿＿＿＿＿＿＿＿＿＿＿＿

出厂日期：＿＿＿＿＿＿＿＿＿＿＿　　试验人员：＿＿＿＿＿＿＿＿＿＿＿＿＿

一、细度、粒径、颗粒形貌试验

1. 试验日期：＿＿＿＿＿＿　实验室温、湿度：＿＿＿＿＿＿　试验设备：＿＿＿＿＿＿

检验方法	筛析法:筛孔尺寸:＿＿＿＿＿＿	备注
石灰石粉试样质量 M_c/g		
石灰石粉筛余质量 R_s/g		
石灰石粉筛余百分数 F/%		

2. 试验日期：＿＿＿＿＿＿　实验室温、湿度：＿＿＿＿＿＿　试验设备：＿＿＿＿＿＿

检验方法	勃氏法	备注
石灰石粉试样质量 M_c/g		
比表面积/（m²/kg）		

3. 试验日期：＿＿＿＿＿＿　实验室温、湿度：＿＿＿＿＿＿　试验设备：＿＿＿＿＿＿

检验方法	激光粒度仪	备注
石灰石粉试样质量 M_c/g		
石灰石粉颗粒粒径分析		

4. 试验日期：＿＿＿＿＿＿　实验室温、湿度：＿＿＿＿＿＿　试验设备：＿＿＿＿＿＿

检验方法	扫描电镜	备注
石灰石粉试样质量 M_c/g		
石灰石粉颗粒形貌分析		

二、石灰石粉活性指数试验

实验室温、湿度：＿＿＿＿＿＿　　　　试验设备：＿＿＿＿＿＿

胶砂种类	石灰石粉/g	水泥/g	标准砂/g	水/mL	28 d破坏荷载/kN 单个值			28 d抗压强度/MPa 单个值	平均	活性指数 $A=\dfrac{R}{R_0}\times100$
对比胶砂 R_0										
试验胶砂 R										
备注										

三、胶砂流动度试验

实验室温、湿度：_____ 试验设备：_____

胶砂材料用量	矿渣粉/g	水泥/g	标准砂/g	水/mL
流动度/mm				

四、亚甲蓝值试验

实验室温、湿度：_____ 试验设备：_____

试样质量/g	加入亚甲蓝溶液的总量/mL	石灰石粉的亚甲蓝值/(g/kg)

附表 7　普通混凝土试验报告

试验日期：_____　　　试验人员：_____

一、混凝土级配设计要求和试拌材料性质

<table>
<tr><td rowspan="2" colspan="2">配合比设计要求</td><td>混凝土强度等级</td><td></td></tr>
<tr><td>坍落度/mm</td><td></td></tr>
<tr><td rowspan="11">试拌材料性质</td><td rowspan="2">水泥</td><td>品种</td><td></td><td>出厂日期</td><td></td></tr>
<tr><td>强度等级</td><td></td><td>表观密度/(g/cm³)</td><td></td></tr>
<tr><td rowspan="9">砂子</td><td>细度模数</td><td></td><td>最大粒径/mm</td><td></td></tr>
<tr><td>级配情况</td><td></td><td rowspan="7">石子</td><td>级配情况</td><td></td></tr>
<tr><td>表观密度/(g/cm³)</td><td></td><td>表观密度/(g/cm³)</td><td></td></tr>
<tr><td>堆积密度/(kg/m³)</td><td></td><td>堆积密度/(kg/m³)</td><td></td></tr>
<tr><td>空隙率/%</td><td></td><td>空隙率/%</td><td></td></tr>
<tr><td>含水率/%</td><td></td><td>含水率/%</td><td></td></tr>
</table>

二、混凝土试拌材料用量

<table>
<tr><td colspan="3">项　目</td><td>水泥</td><td>水</td><td>砂</td><td>石</td><td colspan="2">坍落度/mm</td></tr>
<tr><td colspan="3">每立方米用量/kg</td><td></td><td></td><td></td><td></td><td rowspan="2">第一次</td><td rowspan="2">第二次</td></tr>
<tr><td colspan="3">15 升试样用量/kg</td><td></td><td></td><td></td><td></td></tr>
<tr><td rowspan="6">增加用量</td><td rowspan="2">1</td><td>_____%</td><td></td><td></td><td></td><td></td><td></td><td></td></tr>
<tr><td>kg</td><td></td><td></td><td></td><td></td><td></td><td></td></tr>
<tr><td rowspan="2">2</td><td>_____%</td><td></td><td></td><td></td><td></td><td></td><td></td></tr>
<tr><td>kg</td><td></td><td></td><td></td><td></td><td></td><td></td></tr>
<tr><td rowspan="2">3</td><td>_____%</td><td></td><td></td><td></td><td></td><td></td><td></td></tr>
<tr><td>kg</td><td></td><td></td><td></td><td></td><td></td><td></td></tr>
<tr><td colspan="3">增加总体积/升</td><td></td><td></td><td></td><td></td><td></td><td></td></tr>
<tr><td rowspan="2">符合要求时用量</td><td colspan="2">试拌用量/kg</td><td></td><td></td><td></td><td></td><td></td><td></td></tr>
<tr><td colspan="2">每立方米用量/kg</td><td></td><td></td><td></td><td></td><td></td><td></td></tr>
<tr><td colspan="3">拌合物表观密度/(10 kg/m³)</td><td></td><td></td><td></td><td></td><td></td><td></td></tr>
<tr><td colspan="3">结论</td><td colspan="6">黏聚性：_____　　保水性：_____　　工作性评价：_____</td></tr>
</table>

三、混凝土坍落度及坍落度经时损失测定

测定时间	坍落度/mm	气温/℃	混凝土温度/℃
初始			
30 min			
60 min			
90 min			
120 min			

四、混凝土扩展度及扩展度经时损失测定

试验次数	扩展度/mm			扩展度平均值/mm	经60 min扩展度			经60 min扩展度变化量/mm	经60 min扩展度变化量平均值/mm
	最大直径方向	最大直径垂直方向	测定值		最大直径方向	最大直径垂直方向	测定值		

五、混凝土拌合物表观密度测定

	测试质量/g	混凝土表观密度 $\rho = (m_3 - m_2)/(m_1 - m_0)$
玻璃板及筒质量 m_0		
玻璃板、筒及水的质量 m_1		
容量筒质量 m_2		
拌合物和筒质量 m_3		

六、混凝土自收缩试验记录表（非接触法）

试件编号	测试时间	L_{10}	L_{1t}	L_{20}	L_{2t}	L_b
	3 h					
	8 h					
	12 h					
	24 h					
	72 h					

七、混凝土自收缩试验记录表（接触法）

试件编号	试验日期	该试验期试件长度读数/mm			长度平均值 /mm	该试验期混凝土 收缩率/×10⁻⁶	收缩率平均值 /×10⁻⁶
试验期 180 d 所测的收缩率值/×10⁻⁶							
试验期 360 d 所测的终极收缩率值/×10⁻⁶							

附表8 混凝土力学性能试验记录表

试验日期：_____年_____月_____日 试验人员：_____

一、混凝土抗压强度测定

试件成型日期_____	试件养护龄期_____(d)		
实测坍落度/mm：	实测表观密度/(kg/m³)：		
试件编号	1	2	3
试件截面积/mm²			
破坏荷载/kN			
抗压强度/MPa			
抗压强度平均值/MPa			
换算成标准尺寸时的强度/MPa			
混凝土强度等级评定			

二、立方体劈裂抗拉试验测定

试件序号	试验日期	龄期/d	劈裂面积 A/mm²	破坏荷载 F/N	劈裂抗拉强度 f_{ts}	
					单块值	平均值

三、立方体抗折试验测定

试件序号	龄期/d	试件尺寸/mm		支座间跨度 l/mm	破坏荷载 F/N	劈裂抗拉强度 f_t	
		试件横截面宽度 b	试件横截面高度 h			单块值	平均值

四、静力弹性模量测定

仪器编号及环境条件	名称	型号	编号	示值范围	精度	温度/℃	相对湿度/%

样品描述		采用标准	
设计弹性模量		强度等级	
制件日期		龄期/d	

试件编号	试件尺寸/mm	试验日期	折算系数	破坏荷载/kN	轴心抗压强度/MPa		初始荷载＝　　　kN
					单块值	代表值	控制荷载＝　　　kN
							承压面积＝　　　mm
							测量标距＝　　　mn

试件编号	千分表号	F_0 时变形/mm		F_s 时变形/mm		变形差平均值/mm	破坏荷载/mm	轴心抗压强度/MPa	弹性模量/MPa	
		两侧	平均	两侧	平均				单块值	代表值

附表 9　混凝土耐久性试验记录表

试验日期：＿＿＿＿年＿＿＿＿月＿＿＿＿日　　试验人员：＿＿＿＿＿＿＿＿＿＿＿＿＿＿

一、混凝土抗水渗透(逐级加压法)试验记录

样品编号		规格型号及数量	
样品状态		检测依据	

抗水渗透性能

试件检测情况		1	2	3	4	5	6
加压过程	＿MPa	＿日＿时＿分	＿日＿时＿分	＿日＿时＿分	＿日＿时＿分	＿日＿时＿分	＿日＿时＿分
	＿MPa	＿日＿时＿分	＿日＿时＿分	＿日＿时＿分	＿日＿时＿分	＿日＿时＿分	＿日＿时＿分
	＿MPa	＿日＿时＿分	＿日＿时＿分	＿日＿时＿分	＿日＿时＿分	＿日＿时＿分	＿日＿时＿分
	＿MPa	＿日＿时＿分	＿日＿时＿分	＿日＿时＿分	＿日＿时＿分	＿日＿时＿分	＿日＿时＿分
	＿MPa	＿日＿时＿分	＿日＿时＿分	＿日＿时＿分	＿日＿时＿分	＿日＿时＿分	＿日＿时＿分
	＿MPa	＿日＿时＿分	＿日＿时＿分	＿日＿时＿分	＿日＿时＿分	＿日＿时＿分	＿日＿时＿分
	＿MPa	＿日＿时＿分	＿日＿时＿分	＿日＿时＿分	＿日＿时＿分	＿日＿时＿分	＿日＿时＿分
	＿MPa	＿日＿时＿分	＿日＿时＿分	＿日＿时＿分	＿日＿时＿分	＿日＿时＿分	＿日＿时＿分
	＿MPa	＿日＿时＿分	＿日＿时＿分	＿日＿时＿分	＿日＿时＿分	＿日＿时＿分	＿日＿时＿分
	＿MPa	＿日＿时＿分	＿日＿时＿分	＿日＿时＿分	＿日＿时＿分	＿日＿时＿分	＿日＿时＿分
	＿MPa	＿日＿时＿分	＿日＿时＿分	＿日＿时＿分	＿日＿时＿分	＿日＿时＿分	＿日＿时＿分
	＿MPa	＿日＿时＿分	＿日＿时＿分	＿日＿时＿分	＿日＿时＿分	＿日＿时＿分	＿日＿时＿分
	＿MPa	＿日＿时＿分	＿日＿时＿分	＿日＿时＿分	＿日＿时＿分	＿日＿时＿分	＿日＿时＿分
	＿MPa	＿日＿时＿分	＿日＿时＿分	＿日＿时＿分	＿日＿时＿分	＿日＿时＿分	＿日＿时＿分
	＿MPa	＿日＿时＿分	＿日＿时＿分	＿日＿时＿分	＿日＿时＿分	＿日＿时＿分	＿日＿时＿分
	＿MPa	＿日＿时＿分	＿日＿时＿分	＿日＿时＿分	＿日＿时＿分	＿日＿时＿分	＿日＿时＿分
端面渗水情况							
检测说明	试验过程中如发现水从试件周边渗出,应按规定重新进行密封。						
计算公式	$P=10H-1$						
主要仪器设备名称、型号							

二、混凝土快冻法试验记录

混凝土强度等级					设计抗冻等级					
试件编号	循环次数	试件质量初始值/g	横向基频初始值/Hz	循环后试件质量/g	循环后试件横向基频/Hz	单个试件质量损失率/%	相对动弹性模量/%	平均质量损失率/%	相对动弹性模量平均值/%	循环后试件外观质量
试验抗冻等级（F）										

三、碳化性能试验记录

试件编号	试件尺寸	养护方式	检测日期	碳化时间/d	碳化深度/mm	平均碳化深度/mm
				3		
				7		
		标准养护				
				14		
				28		

四、混凝土电通量测定记录表

试件编号	电流初始读数 I_0	测试经过时间	电流读数 I_i/A	测试经过时间 t/min	电流读数 I_i/A	测试经过时间	电流读数 I_i/A	通过电量值 Q_i/C
		0:15		2:15		4:15		
		0:30		2:30		4:30		
		0:45		2:45		4:45		
		1:00		3:00		5:00		
		1:15		3:15		5:15		
		1:30		3:30		5:30		
		1:45		3:45		5:45		
		2:00		4:00		6:00		
		0:15		2:15		4:15		
		0:30		2:30		4:30		
		0:45		2:45		4:45		
		1:00		3:00		5:00		
		1:15		3:15		5:15		
		1:30		3:30		5:30		
		1:45		3:45		5:45		
		2:00		4:00		6:00		
		0:15		2:15		4:15		
		0:30		2:30		4:30		
		0:45		2:45		4:45		
		1:00		3:00		5:00		
		1:15		3:15		5:15		
		1:30		3:30		5:30		
		1:45		3:45		5:45		
		2:00		4:00		6:00		

附表 10　砌墙砖试验记录表

试验日期：＿＿＿＿年＿＿＿＿月＿＿＿＿日　　试验人员：＿＿＿＿＿＿＿＿＿＿＿＿＿＿

一、尺寸偏差及外观质量检查结果

样品名称							样品编号				
样品描述							试验条件				
生产厂家							强度等级				
试件编号	两条面高度/mm			弯曲/mm	杂质凸出高度/mm	缺棱掉角的破坏尺寸/mm			裂纹长度/mm		完整面
	1	2	高度差			1	2	3	a	b	

二、体积密度试验结果

试件编号	试件长度/mm		试件宽度/mm		试件烘干质量/g	体积密度/(kg/m³)	体积密度平均值/(kg/m³)
	1	2	1	2			

三、空洞率试验结果

试件编号	长度 L/mm	宽度 B/mm	高度 H/mm	悬浸质量 m_1/kg	干潮湿质量 m_2/kg	空洞率 Q/%

四、抗折强度试验结果

试件编号	试件尺寸/mm				破坏荷载 P/kN	抗折强度 R_c/MPa	抗折强度平均值/MPa	抗折强度最小值/MPa
	宽度 B/mm		高度 H/mm					
	测量值	平均值	测量值	平均值				

五、抗压强度试验结果

试件编号		1	2	3	4	5	6	7	8	9	10
试件尺寸/mm	长										
	宽										
受压面积/mm²											
破坏荷载/kN											
抗压强度/MPa											
抗压强度平均值/MPa											

六、吸水率和饱和系数试验结果

试件编号	试件烘干质量 m_0/kg	试样浸水 24 h 的湿质量 m_{24}/kg	吸水率 w_{24}/%	吸水率平均值/%	试样沸煮 5 h 的湿质量/kg	试件饱和系数 K	试件饱和系数平均值

七、泛霜试验结果

开始浸水时间	年　月　日　时		结束浸水时间	年　月　日　时	
试件编号	1	2	3	4	5
泛霜情况描述					
泛霜程度					

八、软化试验结果

试件编号	软化后抗压强度	软化后抗压强度平均值 R_f	软化前抗压强度	软化前抗压强度平均值 R_0	软化系数 K_f

九、冻融试验结果

试件编号	试件冻融前干质量 m_0/g	试件冻融后干质量 m_1/g	试件冻融后出现裂纹、分层、掉皮、缺棱、掉角情况	冻融后质量损失率	
				单块值	平均值

附表 11　砂浆试验记录表

试验日期：_____ 年 _____ 月 _____ 日　　试验人员：_____

一、稠度试验结果

试验次数	设计值/mm	稠度测值/mm	稠度测定值/mm
1			
2			

二、分层度试验结果

试验次数	未装入分层筒前稠度/mm	装入分层筒静置后稠度/mm	分层度测值/mm	分层度测定值/mm
1				
2				

三、抗压强度试验结果

试件编号	龄期/d	试件尺寸/mm	极限荷载/kN	抗压强度测值/MPa	抗压强度测定值/MPa
1					
2					
3					
4					
5					
6					

附表 12　钢材试验记录表

试验日期：_____年_____月_____日　　试验人员：_____

一、抗拉试验和弯曲试验记录

试件编号		01	02
抗拉试验	公称面积/mm²		
	屈服荷载/kN		
	屈服强度/MPa		
	破坏荷载/kN		
	抗拉强度/MPa		
	断裂特征		
	原标距长/mm		
	拉断后长/mm		
	伸长率/%		
冷弯试验	弯芯直径/mm		
	弯曲角度/(°)		
	结果描述		

二、冲击韧性试验记录

试件编号	试件横截面尺寸/mm	A_k/(kgf·m)	冲击韧性/(kgf·m/cm²)	备注

注：1 kgf＝9.8 N。

三、洛氏硬度试验记录

编号	型号	外观	洛氏硬度（HRC）				结论	备注
			a	b	c	要求值		

四、焊接接头拉伸试验记录

试件编号	直径/mm	最大荷载 F_m/N	抗拉强度 R_m/(N/mm²)	端口位置	说明(例如缺陷的类型和尺寸)

附表 13　沥青试验记录表

试验日期：＿＿＿＿年＿＿＿＿月＿＿＿＿日　　试验人员：＿＿＿＿＿＿＿＿＿＿＿＿＿

一、针入度试验

样品编号	试验温度/℃	试验时间/s	试验荷重/g	第一次针入度(0.1 mm)	第二次针入度(0.1 mm)	第三次针入度(0.1 mm)	针入度(0.1 mm)	平均值(0.1 mm)
1								
2								
3								

二、延度试验

样品编号	试验温度/℃	试验速度/(cm/min)	延度/cm	平均值/cm
1				
2				
3				

三、软化点试验

样品编号	室内温度/℃	开始加热液体温度/℃	烧杯中液体温度上升记录/℃																	软化点/℃
			第1分钟末	第2分钟末	第3分钟末	第4分钟末	第5分钟末	第6分钟末	第7分钟末	第8分钟末	第9分钟末	第10分钟末	第11分钟末	第12分钟末	第13分钟末	第14分钟末	第15分钟末	第16分钟末	
1																				
2																				

四、闪点与燃点试验

试样开始时升温速度		试样预期闪点前28 ℃时升温速度		点火方式	
试验次数		试样闪点/℃		试样燃点/℃	备注
1					
2					
平均值					

附表 14　沥青混合料试验记录表

试验日期：＿＿＿年＿＿＿月＿＿＿日　试验人员：＿＿＿＿＿＿

试件类型										沥青种类标号		击实温度/℃		锤击次数（每面）			油石比	
矿料名称																	沥青用量	
矿料相对密度																	沥青相对密度 水密度/(g/cm³)	
矿料比例/%																	测力计工作曲线 $Y = aX + b$	a / b
试件编号	试件厚度/mm		试件在空气中质量 /g	试件在水中质量实测值/g	试件表干质量 实测值/g	相对密度 /(g/cm³) 理论值 / 实测值		密度 /(g/cm³) 理论值 / 实测值		沥青体积百分率/%	空隙率/%	矿料间隙率/%	稳定度			流值 /mm	马歇尔模数 /(kN/mm)
	单值	平均值				理论值	实测值	理论值	实测值				力计读数 (0.01 mm)	稳定度 /kN			
1																	
2																	
3																	
4																	
平均值																	
结论																	

附表 15　土工试验记录表

试验日期：_____年_____月_____日　　试验人员：_____

一、含水率试验

试样编号	称量盒号	称量盒质量/g	盒加湿土质量/g	盒加干土质量/g	湿土质量/g	干土质量/g	含水率 $w=(m_0/m_d-1)\times100\%$	
							单值	平均值

二、密度试验（环刀法）

试样编号	环刀号	环刀体积/cm³	湿土质量/g	湿密度/(g/cm³)	含水率/%	干密度/(g/cm³)	平均干密度/(g/cm³)

三、密度试验（蜡封法）

试样编号	试样质量/g	试样加蜡质量/g	试样加蜡在水中质量/g	温度/℃	水的密度/(g/cm³)	试样加蜡体积/cm³	蜡体积/cm³	试样体积/cm³	湿密度/(g/cm³)	含水率/%	干密度/(g/cm³)	平均干密度/(g/cm³)
1												
2												

四、颗粒分析试验记录（筛分法）

筛分前土的总质量/g _____　　　　　小于 2 mm 土占总质量百分数/% _____

小于 2 mm 土质量/g _____　　　　　小于 2 mm 取土试样质量/g _____

粗筛				细筛			
筛孔尺寸/mm	累计留筛土质量/g	小于某粒径土的质量/g	小于某粒径土的质量百分数/%	筛孔尺寸/mm	累计留筛土质量/g	小于某粒径土的质量/g	小于某粒径土的质量百分数/%
60				2.0			
40				1.0			
20				0.5			
10				0.25			
5				0.1			
2				0.075			

五、颗粒分析试验记录(密度计法)

密度计号			比重校正值					烘干土质量/g			
分散剂种类								量筒编号			
下沉时间 t/min	悬液温度 t/℃	密度计读数 R_1	温度校正值 m_T	分散剂校正值 C_D	刻度及弯月面校正 n	$R_m=$ R_1+m_T- C_D+n	$R_H=$ R_mC_s	土粒沉降距离 L/cm	粒径计算系数 K	粒径 D/cm	小于某孔径土质量百分数 X/%
0.5											
1											
5											
15											
30											
60											
120											
240											
1 440											

六、界限含水率试验记录(液塑限联合测定法)

样品描述				样品名称					
试验条件		温度:＿＿℃,湿度:＿＿%		试验日期					
试样编号	圆锥下沉深度/cm	盒号	湿土质量/g	干土质量/g	含水率/%	液限/%	塑限/%	塑性指数 I_p	

七、击实试验记录

样品描述				样品名称				
试验条件				试验日期				
击锤质量/kg			每层击数		落距/cm		大于 40 mm 颗粒含量/%	
试样比重			大于 40 mm 颗粒毛体积比重			大于 40 mm 颗粒吸水率/%		

	试验次数	1	2	3	4	5	6
干密度	筒容积/cm³						
	筒质量/g						
	筒+湿土质量/g						
	湿土质量/g						
	湿密度/(g/cm³)						
	干密度/(g/cm³)						
含水率	盒号						
	盒质量/g						
	盒+湿土质量/g						
	盒+干土质量/g						
	水质量/g						
	干土质量/g						
	含水率/%						
	平均含水率/%						
击实曲线	最大干密度/(g/cm³)			最佳含水率/%				

八、承载比试验记录

样品描述		样品名称	
试验条件		试验日期	

击实方法：_____ 次/层　　　　荷载板质量：_____ kg　　　　测力计率定系数 C：_____ N/0.01 mm

最大干密度：_____ g/cm³　　　灌入速度：_____ mm/min　　　浸水条件：_____

最优含水率：_____%　　　　　灌入面积：_____ cm²

试样编号					试样编号					试样编号				
贯入量(0.01 mm)			测力计读数 (0.01 mm)	单位压力 /kPa	贯入量(0.01 mm)			测力计读数 (0.01 mm)	单位压力 /kPa	贯入量(0.01 mm)			测力计读数 (0.01 mm)	单位压力 /kPa
量表 Ⅰ	量表 Ⅱ	平均值			量表 Ⅰ	量表 Ⅱ	平均值			量表 Ⅰ	量表 Ⅱ	平均值		
CBR$_{2.5}$=		%			CBR$_{2.5}$=		%			CBR$_{2.5}$=		%		
CBR$_{5.0}$=		%			CBR$_{5.0}$=		%			CBR$_{5.0}$=		%		
CBR=		%			CBR=		%			CBR=		%		
				平均 CBR=		%								

九、回弹模量试验记录

承载板直径			量表读数(0.01 mm)						回弹变形量/cm		回弹模量/kPa
加载级数	单位压力/kPa	测力计读数(0.01 mm)	加载			卸载			读数值	修正值	
			左	右	平均	左	右	平均			

十、相对密度试验记录

试验项目	最大孔隙比		最小孔隙比	备注
试验方法	漏斗法	量筒法	振打法	
试样加容器质量/g	—			
容器质量/g	—			
试样质量/g				
试样体积/cm³				
干密度/(g/cm³)				
平均干密度/(g/cm³)				
比重				
孔隙比				
天然干密度/(g/cm³)				
天然孔隙比				
相对密度				

参 考 文 献

[1] 白宪臣.土木工程材料试验[M].北京:中国建筑工业出版社,2009.

[2] 李友彬.土木工程材料实验指导[M].贵州:贵州大学出版社,2012.

[3] 马铭彬.土木工程材料实验与题解[M].3版.重庆:重庆大学出版社,2011.

[4] 薛力梨.土木工程材料试验教程[M].北京:中国电力出版社,2016.

[5] 杨崇豪,王志博.土木工程材料试验教程[M].北京:中国水利水电出版社,2015.